中等职业教育课程改革国家规划新教材
全国中等职业教育教材审定委员会审定

机械常识与钳工实训

（非机类通用）

主　编　朱仁盛　朱劲松

副主编　吴光明　王调品

参　编　夏立戎　曾凡亮

　　　　申倚洪　黄　翅

主　审　傅水根　朱求胜

机 械 工 业 出 版 社

本书是中等职业教育课程改革国家规划新教材，是根据教育部于2009年发布的《中等职业学校机械常识与钳工实训教学大纲》，同时参考钳工国家职业资格标准编写的。本书结合非机类机械相关专业"够用、适用、兼顾学生后续发展"的原则，精细取舍编排相关理论知识，以满足教学需要。本书主要内容包括机械制造概述、机械识图、常用机械传动、常用工程材料、钳工基本技能和机械拆装技术基础。为便于教学，本书配套有电子教案、视频等教学资源，选择本书作为教材的教师可来电（010-88379193）索取，或登录 www.cmpedu.com 网站，注册、免费下载。

本书可作为中等职业学校非机类机械相关专业教材，也可作为相关技术人员的岗位培训教材。

图书在版编目（CIP）数据

机械常识与钳工实训/朱仁盛，朱劲松主编. —北京：机械工业出版社，2010.4（2020.9 重印）

中等职业教育课程改革国家规划新教材

ISBN 978-7-111-29912-7

Ⅰ.①机… Ⅱ.①朱…②朱… Ⅲ.①机械学-专业学校-教材②钳工-专业学校-教材 Ⅳ.①TH11②TG9

中国版本图书馆 CIP 数据核字（2010）第 061727 号

机械工业出版社（北京市百万庄大街 22 号 邮政编码 100037）
策划编辑：汪光灿 责任编辑：王佳玮 责任校对：陈延翔
封面设计：姚 毅 责任印制：李 昂
北京机工印刷厂印刷
2020 年 9 月第 1 版第 9 次印刷
184mm×260mm·11.75 印张·297 千字
标准书号：ISBN 978-7-111-29912-7
定价：36.00 元

电话服务　　　　　　　　　　网络服务
客服电话：010 - 88361066　　机 工 官 网：www.cmpbook.com
　　　　　010 - 88379833　　机 工 官 博：weibo.com/cmp1952
　　　　　010 - 68326294　　金 书 网：www.golden-book.com
封底无防伪标均为盗版　　机工教育服务网：www.cmpedu.com

中等职业教育课程改革国家规划新教材
出 版 说 明

为贯彻《国务院关于大力发展职业教育的决定》（国发［2005］35 号）精神，落实《教育部关于进一步深化中等职业教育教学改革的若干意见》（教职成［2008］8 号）关于"加强中等职业教育教材建设，保证教学资源基本质量"的要求，确保新一轮中等职业教育教学改革顺利进行，全面提高教育教学质量，保证高质量教材进课堂，教育部对中等职业学校德育课、文化基础课等必修课程和部分大类专业基础课教材进行了统一规划并组织编写，从 2009 年秋季学期起，国家规划新教材将陆续提供给全国中等职业学校选用。

国家规划新教材是根据教育部最新发布的德育课程、文化基础课程和部分大类专业基础课程的教学大纲编写，并经全国中等职业教育教材审定委员会审定通过的。新教材紧紧围绕中等职业教育的培养目标，遵循职业教育教学规律，从满足经济社会发展对高素质劳动者和技能型人才的需要出发，在课程结构、教学内容、教学方法等方面进行了新的探索与改革创新，对于提高新时期中等职业学校学生的思想道德水平、科学文化素养和职业能力，促进中等职业教育深化教学改革，提高教育教学质量将起到积极的推动作用。

希望各地、各中等职业学校积极推广和选用国家规划新教材，并在使用过程中，注意总结经验，及时提出修改意见和建议，使之不断完善和提高。

教育部职业教育与成人教育司
2010 年 6 月

中等职业教育课程改革国家规划新教材
编审委员会

为贯彻《国务院关于大力发展职业教育的决定》精神，落实《教育部关于进一步深化中等职业教育教学改革的若干意见》关于"加强中等职业教育教材建设，保证教学资源基本质量"的要求，确保新一轮中等职业教育教学改革顺利进行，全面提高教育教学质量，保证高质量教材进课堂，教育部对中等职业学校德育课、文化基础课等必修课程和部分大类专业基础课教材进行了统一规划并组织编写。本书是中等职业教育课程改革国家规划新教材之一，是根据教育部于 2009 年发布的《中等职业学校机械常识与钳工实训教学大纲》，同时参考钳工国家职业资格标准编写的。

本书主要内容有机械制造概述、机械识图、常用机械传动、常用工程材料、钳工基本技能和机械拆装技术基础等，重点强调实际操作能力的培养，编写的主要特色包括以下几方面：

1）体现以能力为本位的职教理念。以学生的"行动能力"为出发点组织教材内容，合理选取教学单元，由浅入深、循序渐进，符合学生的认知规律。

2）凸现职业教育特色。以就业为导向，紧扣新教学大纲的要求，根据本专业学生的职业素养要求来组织课程结构与内容。根据学时总数，降低相关理论阐述的难度，突出学生能力的培养与训练。书中对钳工基本技能、机械拆装技术基础的编写采用理实一体化的形式。

3）根据毕业生将来从事的职业岗位（群）要求，按企业要求毕业生必须了解哪些知识、掌握什么技术、具备哪些能力，删除原教学内容中难、繁、深、旧的部分。按"简洁实用、够用，兼顾学生后续发展"的原则实现课程的综合化体系，实现了多门学科的整合，避免重复教学，为不同学校教学的自主性、灵活性留有空间。

4）形式生动活泼，配套资源丰富。本书精选大量精美的图片，图文并茂，并立体化配套相关资源，为教育教学提供方便。

5）注重学生学习成绩的评价。本书采用过程性评价和终结性评价相结合的评价体系，注重学生平时知识的积累和技能的培养，目的是培养学生学习的主动性，并兼顾对学生关键能力，以及基本素质、创新精神、创造能力、个性培养和发展等各个维度的关注。

本书在教学过程中的学时安排建议如下：

教　学　单　元	教　学　内　容	建议学时数
单元一　机械制造概述	机械概述	1
	机械产品的制造过程	3
单元二　机械识图	机械识图常识	4
	机械图样的表达方法	6
	零件图的识读	6
	装配图的识读	2

（续）

教 学 单 元	教 学 内 容	建议学时数
单元三　常用机械传动	带传动	1
	链传动	1
	齿轮传动	2
	机械润滑与密封	1
单元四　常用工程材料	常用金属材料	4
	工程塑料	1
单元五　钳工基本技能	钳工入门	6
	平面划线	2
	锯削	2
	锉削	4
	钻孔	2
	攻螺纹	2
	综合训练	8
单元六　机械拆装技术基础	机械拆装基础常识	1
	回转式台虎钳的拆装	3
	液压齿轮泵的拆装	
机　　动		2
合　　计		64

　　本书共分为六个单元，由江苏省泰州机电高等职业技术学校朱仁盛、张家港职业教育中心校朱劲松主编，东莞理工学校吴光明、成都工业学校王调品任副主编，其他参加编写人员有：上海市工业技术学校夏立戎；广东省顺德梁銶琚职业技术学校曾凡亮；江苏省泰州机电高等职业技术学校申倚洪、黄翅。本书经全国中等职业教育教材审定委员会审定，由清华大学傅水根、安吉职业教育中心学校朱求胜主审。教育部专家在评审及审稿过程中对本书内容及体系提出了很多中肯的建议，在此对他们表示衷心的感谢！为便于教学，本书配套有电子教案、视频等教学资源，选择本书作为教材的教师可来电（010-88379193）索取，或登录www.cmpedu.com网站，注册、免费下载。

　　编写过程中，编者参阅了国内外出版的有关教材和资料，编审组成员对书稿提出了许多宝贵的修改意见和建议，提高了书稿质量，在此一并表示衷心感谢！

　　由于编者水平有限，书中不妥之处在所难免，恳请读者批评指正。

编　者

目 录

单元一　机械制造概述

学习目标

1. 了解机械、机器、机构、构件和零件的基本概念。
2. 了解运动副的概念。
3. 了解机械产品生产的主要环节和过程。
4. 初步了解机械加工的各主要工种名称及其工作特点。
5. 初步了解机械产品加工工艺规程的内容及制定步骤。
6. 熟悉企业安全生产与节能环保的一般常识。

课题一　机械概述

一、机械、机器、机构、构件与零件

人类为了适应生产和生活上的需要，远在古代就已经知道利用杠杆、滚子、绞盘等简单机械从事建筑和运输。但几千年来，受社会历史条件的限制，机械的发展比较缓慢，直到18世纪，英国人瓦特发明了往复式蒸汽机，从此，机械才有了日新月异的迅猛发展。现今，人们在日常生活和生产过程中，广泛使用着各种各样的机械，以减轻劳动强度和提高工作效能，特别是在有些场合，只能借助机械来代替人进行工作。

我国古代曾涌现出许多机械方面的杰出创造与发明。夏朝就已经有人使用车子；周朝有人利用卷筒原理制作辘轳；汉武帝时就能制造水利方面用的筒车（即翻车）；东汉科学家张衡发明了测定地震方位的地动仪和测定风向的候风仪；晋朝的记里鼓车已应用了齿轮传动和轮系，机碓和水碾甚至应用了凸轮原理。但是，由于我国经历了漫长的封建社会，加上帝国主义的侵略和压迫，因此在新中国建立以前，机械工业仍处于非常落后的状态。

新中国成立后，我国的科学技术和机械工业有了较快的发展。在第一个五年计划期间，我国建立了一批大型机械制造厂，使机械工业由过去只能进行零星的修配，跨越到能自行制造飞机、汽车和各种机床的阶段，并为我国机械工业今后的发展奠定了坚实的基础。1956年我国制造出第一架喷气式歼击机"歼—5"，同年制造出第一辆"解放牌"汽车。在以后的几个五年计划期间，又从制造一般的机械设备发展到制造大型、精密、尖端的机械产品。1958年我

国制造的第一个原子反应堆和回旋加速器投入运行；1962 年制成第一架超音速歼击机"歼—7"；1965 年制成高精度万能外圆磨床，达到当时的世界先进水平；1970 年成功地发射了第一颗人造地球卫星"东方红一号"；1971 年制成第一台 $3 \times 10^5 kW$ 双水内冷发电机。党的十一届三中全会以来，我国进入了改革开放的历史新时期，机械工业技术呈现出全方位、多形式、多层次的态势，机械工业在深化经济体制改革中迎来了新的高速发展。

1. 机械

机械，源自于希腊语 mechine 及拉丁文 mecina，原指"巧妙的设计"，作为一般性的机械概念，可以追溯到古罗马时期，主要是为了区别于手工工具。现代中文的"机械"一词是机构（mechanism）和机器（machine）的总称。

2. 机器

机器是执行机械运动的装置，用来变换或传递能量、物料与信息。

机器的种类繁多，其构造、性能和用途也各不相同，但是从机器的组成部分与运动的确定性和机器的功能关系来分析，所有机器都具有下列三个共同的特征：

1）任何机器都是由许多机构组合而成的。如图 1-1 所示的汽车发动机就是由曲柄连杆机构和配气机构等组合而成的。

2）各运动实体之间具有确定的相对运动。如图 1-2 所示内燃机的配气机构中的凸轮连续转动而阀杆作间歇往复移动，从而实现气体的交换过程。

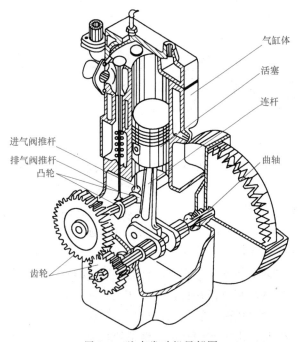

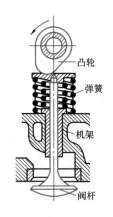

图 1-1　汽车发动机局部图　　　　　图 1-2　内燃机的配气机构

3）能实现能量的转换、代替或减轻人类的劳动，完成有用的机械功。例如，发电机可以把机械能转换为电能；运动机器可以改变物体在空间的位置；金属切削机床能够改变工件的尺寸、形状；计算机可以存储、传输与处理信息等。

根据上面的分析，可以对机器得到一个明确的概念：机器就是人为实体（构件）的组合，它的各部分之间具有确定的相对运动，并能代替或减轻人类的体力劳动，完成有用的机械功或实现能量的转换。

按其用途，机器可分为原动机（提供动力的机器）和工作机。

原动机是将非机械能转换成机械能的机器。例如，电动机是将电能转换成机械能的机器，内燃机是将热能转换成机械能的机器。

工作机是用来改变被加工物料的位置、形状、性能、尺寸和状态的机器。工作机是利用机械能来做有用功的机器，如图 1-3 ~ 图 1-6 所示的车床、刨床、铣床和挖土机都是工作机。

图 1-3　车床

图 1-4　刨床

图 1-5　铣床

图 1-6　挖土机

3. 机构

机构是用来传递运动和力的构件系统。构件系统中有一个构件为机架，构件系统是用运动副连接起来的。与机器相比较，机构也是人为实体（构件）的组合，各运动实体之间也具有确定的相对运动，但不能做机械功，也不能实现能量转换。

机器与机构的区别在于：机器的主要功用是利用机械能做功或实现能量的转换，上面已列举了一些实例；机构的主要功用在于传递或转变运动的形式。如图 1-7 所示的雨伞撑伞机构，如图 1-8 所示的缝纫机脚踏机构，如图 1-9 所示的缝纫机机头进线机构，如图1-10所示的港口起吊机构，它们都属于机构的范畴。

4. 构件

机器及机构是由许多具有确定的相对运动的构件组合而成，因此，构件是机构中的运动单元体，也就是相互之间能作相对运动的物体。在机械中应用最多的是刚性构件，即作为刚

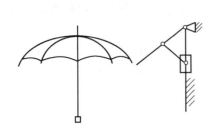

图 1-7　雨伞撑伞机构

图 1-8　缝纫机脚踏机构

图 1-9　缝纫机机头进线机构

图 1-10　港口起吊机构

体看待的构件。一个构件，可以是不能拆开的单一整体，也可以是几个相互之间没有相对运动的物体组合而成的刚性体。

构件按其运动状况，可分为固定构件和运动构件两种。固定构件又称机架，是机构中固结于定参考系的构件，固定构件一般用来支持运动构件，通常就是机器的基体或机座，例如各类机床的床身。运动构件又称可动构件，是机构中可相对于机架运动的构件。运动构件又分为主动件（原动件）和从动件两种。主动件是机构中作用有驱动力或力矩的构件，有时也将运动规律已知的构件称为主动件。形象地说，主动件就是带动其他可动构件运动的构件，从动件是机构中除了主动件以外的随着主动件的运动而运动的构件。

5. 零件

零件是构件的组成部分。机构运动时，属于同一构件中的零件，相互之间没有相对运动。

构件与零件既有联系又有区别，构件可以是单一的零件，如单缸内燃机中的曲轴，既是构件，也是零件；构件也可以是由若干零件连接而成的刚性结构，如连杆构件是由连杆体、连杆盖、螺栓和螺母等零件连接而成。

构件与零件的区别在于：构件是运动的单元，零件是加工制造的单元。

二、运动副

运动副是两构件直接接触组成的可动连接，它限制了两构件之间的某些相对运动，而又允许有另一些相对运动。

两构件组成运动副时，构件上能参与接触的点、线、面称为运动副元素。根据运动副中两构件的接触形式不同，运动副可分为低副和高副。

1. 低副

低副是指两构件以面接触的运动副。按两构件的相对运动形式，低副可分为以下几种：

（1）转动副　组成运动副的两构件只能绕某一轴线作相对转动的运动副称为转动副，如图 1-11a 所示。

（2）移动副　组成运动副的两构件只能作相对直线移动的运动副称为移动副，如图 1-11b 所示。

（3）螺旋副　组成运动副的两构件只能沿轴线作相对螺旋运动的运动副称为螺旋副，如图 1-11c 所示。

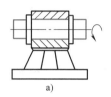 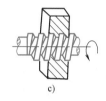

a)　　　　　　　　　　b)　　　　　　　　　　c)

图 1-11　低副

a）转动副　b）移动副　c）螺旋副

2. 高副

高副是指两构件以点或线接触的运动副。图 1-12 所示为常见的几种高副接触形式。图 1-12a 所示是车轮与钢轨的接触，图 1-12b 所示是齿轮的啮合，都是属于线接触的高副；图 1-12c 所示是凸轮与从动杆的接触，是属于点接触的高副。

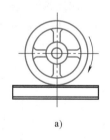 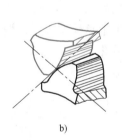 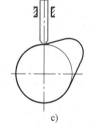

a)　　　　　　　　　　b)　　　　　　　　　　c)

图 1-12　高副

课题二　机械产品的制造过程

一、机械产品生产过程

根据图样的要求，将原材料或半成品转变为成品的全过程，称为生产过程。它包括原材料的运输和保管，生产的准备工作，毛坯的制造，零件的机械加工，零件的热处理，组件、部件和产品的装配、检验、涂装和包装等。

制造系统覆盖产品的全部生产过程，如图 1-13 所示，即设计、制造、装配、销售等的全过程。在这个全过程中，由物质流（主要指由毛坯到产品的有形物质的流动）、信息流（主要指生产活动的设计、市场需求调研、规划、调度与控制）及资金流（包括了成本管理、利润规划及费用流动等）等构成了整个制造系统。

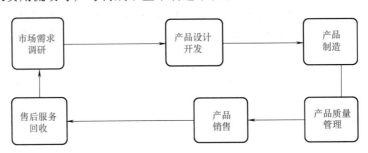

图 1-13　产品制造过程

1. 产品设计

产品设计是企业产品开发的核心，产品设计必须保证技术上的先进性与经济上的合理性等，设计的一般步骤如图 1-14 所示。

产品的设计一般有三种形式，即创新设计、改进设计和变形设计。创新设计（开发性设计）是按用户的使用要求进行的全新设计；改进设计（适应性设计）是根据用户的使用要求，对企业原有产品进行改进或改型的设计，即只对部分结构或零件进行重新设计；变形设计（参数设计）仅改进产品的部分结构尺寸，以形成系列产品的设计。产品设计的基本内容包括编制设计任务书、方案设计、技术设计和图样设计等。

（1）编制设计任务书　设计任务书是产品设计的指导性文件，其主要内容包括：确定新产品的用途、适用范围、使用条件和使用要求，设计和试制该产品的依据，确定产品的基本性能、结构和主要参数，概括性地做出总体布置、机械传动系统图、电气系统图、产品型号、尺寸标准系列、计算技术经济指标等。

（2）方案设计　方案设计的主要内容是确定产品的基本功能、性能、结构和参数。方案设计是产品设计的造型阶段，一般包括产品的功能和使用范围、产品的总体方案设计和外观造型设计、产品的原理结构图、产品型号、尺寸、性能参数、标准等，并对设计方案进行技术经济指标的计算以及经济效果分析。

（3）技术设计　技术设计是产品设计的定型阶段，对于机电产品一般包括：试验、计算和分析确定重要零部件的结

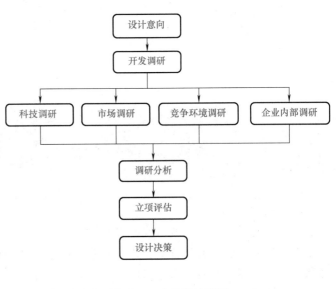

图 1-14　产品设计框图

构、尺寸与配合；画出总装配图、重要零部件图、液压（气动）系统图、冷却系统图和电气系统图；编写设计说明书等。

（4）图样设计　图样设计是指绘制出全套工作图样和编写必要的技术文件，为产品制造和装配提供依据。其主要内容包括：设计并绘制全部零件的工作图、详细注明尺寸、公差配合、材料和技术条件、绘制产品总装配图、部件图、安装图、编写零件明细表、设计制订产品使用说明书和维护保养规程等。

2. 工艺设计

工艺设计的基本任务是保证生产的产品能符合设计的要求，制定优质、高产、低耗的产品制造工艺规程，制订出产品的试制和正式生产所需要的全部工艺文件。它包括：对产品图样的工艺分析和审核、拟定加工方案、编制工艺规程以及工艺装备的设计和制造等。表 1-1 列举了部分零件结构工艺性设计分析与说明。

表 1-1　部分零件结构工艺性设计分析与说明

序号	A 结构工艺性差	B 结构工艺性好	说　明
1			在结构 A 中，件 2 上的槽 a 不便于加工和测量。宜将槽 a 改在件 1 上，如结构 B
2			原设计的两个键槽，需要装夹两次加工，改进后只需要装夹一次即可
3			结构 A 上的小孔离箱壁太近，钻头向下引进时，钻床主轴碰到箱壁。改进后小孔与箱壁留有适当的距离，便于加工
4			结构 A 中的加工面设计在箱体内，加工时调整刀具不方便。结构 B 中的加工面设计在箱体外部，便于加工和观察
5			结构 B 的两个凸台表面可在一次进给中加工完毕，以减少机床的调整次数

（续）

序号	A 结构工艺性差	B 结构工艺性好	说　明
6			箱体底面要安装在机座上，只需加工部分底面，如改进后 B 所示，既可减少加工工时，又提高了底面的接触刚度
7			结构 A 中小齿轮无法加工，结构 B 中小齿轮可以插削加工
8			加工结构 A 上的孔时，钻头容易引偏
9			加工深孔易断钻头，结构 B 避免了深孔加工，同时也节约了材料
10			锥面需磨削加工，A 结构磨削时容易碰伤圆柱面，不能清根，结构 B 可方便地进行磨削加工
11			轴上的砂轮越程槽宽度，尽可能分别一致，以减少刀具种类
12			结构 B 采用了标准化，便于加工和检验

（1）产品图样的工艺分析和审查　其主要内容包括：产品的结构是否与产品类型相适应，零部件标准化、通用化程度，图样设计是否充分利用现有的工艺标准，零件的形状尺寸、配合与精度是否合理，选用的材料是否合适等。

（2）拟定工艺方案　拟定工艺方案包括：确定试制新产品、改造老产品过程中的关键零部件的加工方法、确定工艺路线、工艺装备及装配要求。

（3）编制工艺规程卡　工艺规程是指规定零件的加工工艺过程和操作方法等。一般包括下列内容：零件加工的工艺路线、各工序的具体内容及所用的设备和工艺装备、零件的检验项目及检验方法、切削用量、工时定额等。工艺规程的形式和内容与生产类型有关，一般为编制机械加工工艺卡片。

（4）工艺装备的设计和制造　工艺装备（简称工装）通常是对工具、夹具、量具、相关模具和工位器具等的总称。工装分为通用和专用两类，通用工装可用来加工不同的产品，专用工装只能用于特定产品的加工。通用的、重要复杂的工艺装备一般由工艺工程师设计，简易工装可由生产车间（或分厂）自行设计。

凡制造完成并经检验合格的专用工装设备，在投入产品零件生产前应在现场进行试验，其目的是通过实际操作来检验工艺规程和工艺装备的实用性、正确性，并帮助操作者正确掌握生产技术要求，以达到规定的加工质量和生产率。

3. 零件加工

零件的加工包括坯料的生产及对坯料进行各种机械加工、特种加工和热处理等，使其成为合格零件的过程。极少数零件加工采用精密铸造或精密锻造等无屑加工方法。通常毛坯的生产方法有铸造、锻压、焊接等；常用的机械加工方法有钳工加工、车削加工、钻削加工、刨削加工、铣削加工、镗削加工、磨削加工、数控机床加工、拉削加工、研磨加工、珩磨加工等；常用的热处理方法有退火、正火、淬火、回火、调质、时效等；特种加工有电火花成形加工、电火花线切割加工、电解加工、激光加工、超声波加工等。只有根据零件的材料、结构、形状、尺寸、使用性能等，选用适当的加工方法，才能保证产品的质量，生产出合格零件。

4. 检验

检验是采用测量器具对毛坯、零件、成品、原材料等进行表面结构、尺寸精度、形状精度、位置精度的检测，以及通过目视检验、无损探伤、力学性能试验及金相检验等方法对产品质量进行的鉴定。

测量器具包括量具、量规和量仪（参见本书单元五的介绍）。常用的量具有金属直尺、卷尺、游标卡尺、卡规、塞规、千分尺、角度尺、百分表等，用以检测零件的长度、厚度、角度、外圆直径、孔径等。另外，螺纹的测量可用螺纹千分尺、三针量法、螺纹样板、螺纹环规、螺纹塞规等。

常用量仪有浮标式气动量仪、电子式量仪、电动式量仪、光学量仪、三坐标测量仪等，除可用以检测零件的长度、厚度、外圆直径、孔径等尺寸外，还可对零件的形状误差和位置误差等进行测量。

特殊检验主要是指检测零件内部及外表的缺陷。其中无损探伤是在不损害被检对象的前提下，检测零件内部及外表缺陷的现代检验技术。无损检验方法有直接肉眼检验、射线探伤、超声波探伤、磁力探伤等，使用时应根据无损检测的目的，选择合适的方法和检测规范。

5. 装配

任何机械产品都是由若干个零件、组件和部件组成的。根据规定的技术要求，将零件和部件进行必要的配合及联接，使之成为半成品或成品的工艺过程称为装配。将零件、组件装配成部件的过程称为部件装配；将零件、组件和部件装配成为最终产品的过程称为总装配。装配是机械制造过程中的最后一个生产阶段，其中还包括调整、检验、试验、涂装和包装等工作。

机器的质量、工作性能、使用效果、可靠性和使用寿命除与产品的设计和材料选择有关外，还取决于零件的制造质量和机器的装配质量。通过装配，可以发现设计上的不足和零件加工工艺中存在的问题。装配工作对机器质量的影响很大，若装配不当，即使所有零件合格，也不一定能装配出合格的、高质量的机械产品。反之，若零件制造精度不高，而在装配中采用适当的装配工艺方法，进行选配、刮研、调整等，也能使产品达到规定的要求。

6. 入库

企业生产的成品、半成品及各种物料为防止遗失或损坏，放入仓库进行保管，称为入库。

入库时应进行入库检验，填好检验记录及有关原始记录；对量具、仪器及各种工具做好保养、保管工作；对有关技术标准、图样、档案等资料要妥善保管；保持工作地点及室内外整洁，注意防火防湿，做好安全工作。

二、机械制造工种分类

1. 热加工工种

（1）铸造工　铸造是将经过熔化的液态金属浇注到与零件形状、尺寸相适应的铸型中，冷却凝固后获得毛坯或零件的一种工艺方法。

图 1-15 所示是齿轮毛坯的砂型铸造示意图，砂型铸造应用最广。

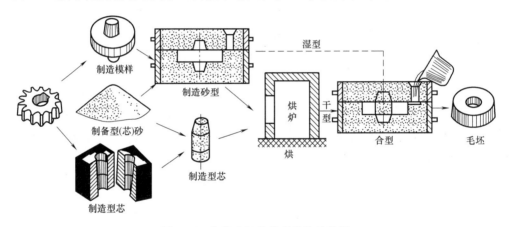

图 1-15　齿轮毛坯的砂型铸造示意图

1）铸造的方法有以下几种：

① 砂型铸造：砂型铸造是以砂和黏土为主要造型材料制备铸型的一种铸造方法。目前 90% 以上的铸件是用砂型铸造方法生产的。

② 特种铸造：特种铸造是指砂型铸造以外的其他铸造方法。常用的方法有金属砂型铸造、熔模铸造、压力铸造、离心铸造、壳型铸造等。

2）铸造的特点有以下一些方面：

① 成型方便，适应性强，利用液态成形，适应各种形状与尺寸、不同材料的铸件。

② 生产成本低，较为经济，节省金属，材料来源广泛，设备简单。

③ 铸件组织性能差，铸件晶粒粗大，力学性能差。

（2）锻压工　锻压是借助于外力作用，使金属坯料产生塑性变形，从而获得所要求形状、尺寸和力学性能的毛坯或零件的一种压力加工方法。

1）锻压加工的方法有以下几种：

① 自由锻造：利用冲击力或静压力使经过加热的金属在锻压设备的上、下砧铁之间塑性变形、自由流动称为自由锻造。其基本工序示意图见表 1-2。

表 1-2 自由锻造基本工序示意图

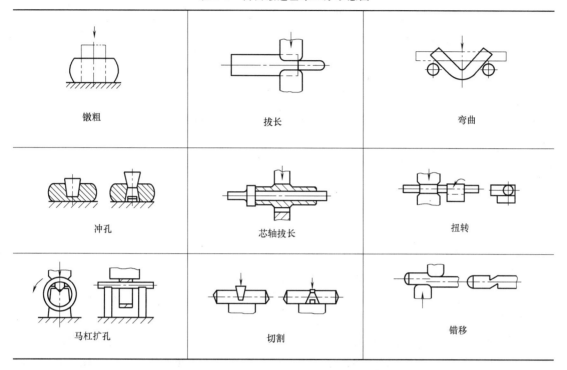

镦粗	拔长	弯曲
冲孔	芯轴拔长	扭转
马杠扩孔	切割	错移

② 模样锻造：把金属坯料放在锻模模腔内施加压力使其变形的一种锻造方法，又简称模锻。

③ 板料冲压：将金属板料置于冲模与冲头之间，使板料产生分离或变形的加工方法。通常在常温下进行，也称冷冲压。

2）锻压的特点有以下一些方面：

① 改善金属组织，提高力学性能，锻压的同时可消除铸造缺陷，均匀成分，形成纤维组织，从而提高锻件的力学性能。

② 节约金属材料，比如在热轧钻头、齿轮、齿圈及冷轧丝杠时节省了切削加工设备和材料的消耗。

③ 较高的生产率，比如在生产六角头螺钉时采用模锻成形就比切削加工效率约高50 倍。

④ 锻压主要生产承受重载荷零件的毛坯，如机器中的主轴、齿轮等，但不能获得形状复杂的毛坯或零件。

（3）焊接工　焊接是通过加热或加压（或两者并用），并且用（或不用）填充材料，使焊件达到原子间结合的连接方法。

图 1-16 所示是焊条电弧焊示意图。

1）焊接的种类。根据焊接的过程可分为三类：

① 熔焊：将待焊处的母材金属熔化以形成焊缝的焊接方法。它主要有电弧焊、气焊、电渣焊、等离子弧焊、电子束焊、激光焊等。

② 压焊：通过加压和加热的综合作用，以实现金属接合的焊接方法。它主要包括电阻

焊、摩擦焊、爆炸焊等。

③ 钎焊：以熔点低于被焊金属熔点的钎料填充接头形成焊缝的焊接方法。它主要包括软钎焊和硬钎焊。

2）焊接的特点有以下一些方面：

① 焊接与其他连接方法有本质的区别，不仅在宏观上建立了永久性的联系，在微观上也建立了组织之间的原子级的内在联系。

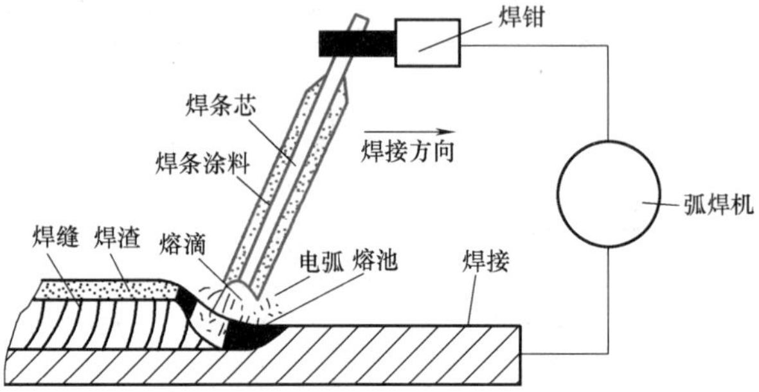

② 焊接比其他连接方法具有更高的强度、密封性，且质量可靠，生产率高，便于实现自动化。

图 1-16　焊条电弧焊示意图

③ 节省金属，工艺简单，可以很方便的采用锻-焊、铸-焊等复合工艺，生产大型复杂的机械结构和零件。

④ 焊接是一个不均匀加热的过程，焊后的焊缝易产生焊接应力，易引起变形。

（4）热处理工　金属材料可通过热处理改变其内部组织，从而改善材料的工艺性能和使用性能，所以热处理在机械制造业中占有很重要的地位。

热处理工是指操作热处理设备、对金属材料进行热处理加工的工种。根据不同的热处理工艺，一般可将热处理分成整体热处理、表面热处理、化学热处理和其他热处理四类。

2. 冷加工工种

（1）钳工　钳工是制造企业中不可缺少的一个用手工方法来完成的加工工种。

钳工工种按专业工作的主要对象不同又可分为普通钳工、装配钳工、模具钳工、修理钳工等。不管是哪一种钳工，要完成好本职工作，首先要掌握好钳工的各项基本操作技术。它主要包括划线、錾削、锯削、锉削、钻孔、扩孔、锪孔、铰孔、攻螺纹和套螺纹、刮削、研磨、测量、装配和修理等。

（2）车工　车削加工是一种应用最广泛、最典型的加工方法。车工是指操作车床（车床按结构及其功用可分为卧式车床、立式车床、数控车床及特种车床等）对工件旋转表面进行切削加工的工种。车削加工的主要工艺内容为车削外圆、内孔、端面、沟槽、圆锥面、螺纹、滚花、成形面等。

卧式车床的加工工艺范围如图 1-17 所示。

（3）铣工　铣工是指操作各种铣床设备（铣床按结构及其功用可分为普通卧式铣床、普通立式铣床、万能铣床、工具铣床、龙门铣床、数控铣床及特种铣床等），对工件进行铣削加工的工种。铣削加工的主要工艺内容为铣削平面、台阶面、沟槽（键槽、T 形槽、燕尾槽、螺旋槽）及成形面等。

铣床加工的工艺范围如图 1-18 所示。

（4）刨工　刨工是指操作各种刨床设备（常用的刨削机床有普通牛头刨床、液压刨床、龙门刨床和插床等），对工件进行刨削加工的工种。

刨削加工的主要工艺内容为刨削平面、垂直面、斜面、沟槽、V 形槽、燕尾槽、成形面等。

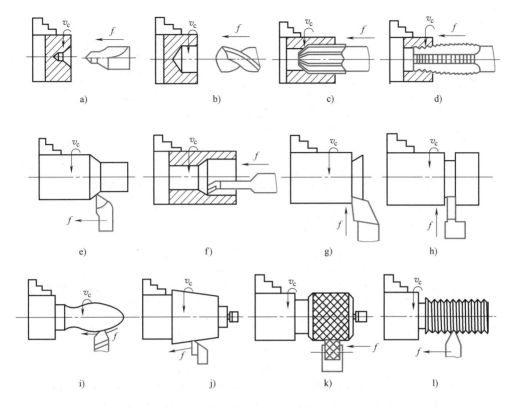

图 1-17　卧式车床的加工工艺范围

a）钻中心孔　b）钻孔　c）铰孔　d）攻螺纹　e）车外圆　f）镗孔

g）车端面　h）车槽　i）车成形面　j）车圆锥　k）滚花　l）车螺纹

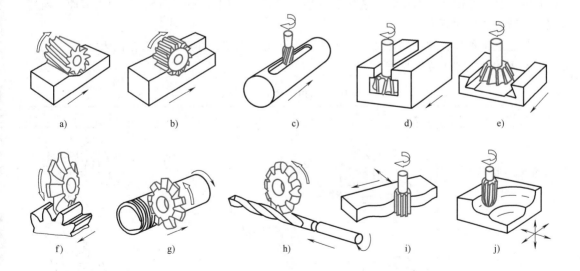

图 1-18　铣床加工的工艺范围

a）铣水平面　b）铣垂直面　c）铣键槽　d）铣 T 形槽　e）铣燕尾槽

f）铣齿轮　g）铣螺纹　h）铣螺旋槽　i）、j）铣曲面

13

刨削加工工艺范围如图 1-19 所示。

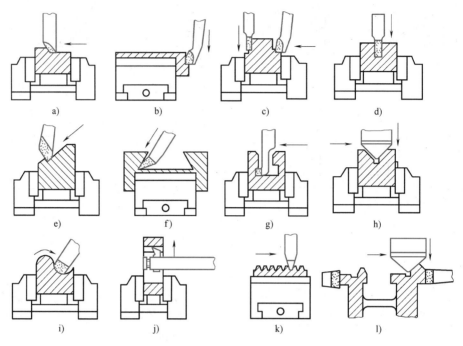

图 1-19　刨削加工工艺范围

a) 刨平面　b) 刨垂直面　c) 刨台阶面　d) 刨直角沟槽　e) 刨斜面　f) 刨燕尾槽　g) 刨 T
形槽　h) 刨 V 形槽　i) 刨曲面　j) 刨键槽（通槽）　k) 刨齿条　l) 刨复合面

（5）磨工　磨工是指操作各种磨床设备（常用的磨床有普通平面磨床、外圆磨床、内圆磨床、万能磨床、工具磨床、无心磨床，以及数控磨床、特种磨床等），对工件进行磨削加工的工种。磨削加工的主要工艺内容为磨削平面、外圆、内孔、圆锥、槽、斜面、花键、螺纹、特种成形面等。

除上述工种外，常见的冷加工工种还有钣金工、镗工、冲压工、组合机床操作工等。

常用的磨削加工方法见表 1-3。

表 1-3　常用的磨削加工方法

磨削类型	磨削方法	简　图	磨削类型	磨削方法	简　图
外圆磨削	纵磨法		平面磨削	周磨法	
内圆磨削				端磨法	

（续）

磨削类型	磨削方法	简　图	磨削类型	磨削方法	简　图
无心磨削	通磨法		成形磨削	齿轮磨削	
成形磨削	螺纹磨削			花键磨削	

3. 特种加工工种

（1）电火花加工与线切割加工工种　电火花加工是利用工具电极和工件电极间瞬时放电所产生的高温来熔蚀工件表面材料的加工方法，也称为放电加工或电蚀加工。

线切割是线电极电火花切割的简称。线切割的加工原理与一般的电火花加工相同，其区别是所使用的工具不同，它不靠成形的工具电极将形状尺寸复制到工件上，而是用移动着的电极丝以数控的加工方法按预定的轨迹进行切割加工，适用于切割加工形状复杂、精密的模具和其他零件。

（2）电解加工工种　电解加工是利用金属在电解液中的"阳极溶解"现象，将工件加工成形的。加工时，工件接直流电源的阳极，工具接电源的阴极。进给机构控制工具向工件缓慢进给，使两极之间保持较小的间隙，从电解液泵出来的电解液以一定的压力和速度从间隙中流过，使阳极工件的金属被逐渐电解腐蚀，电解产物被高速流过的电解液带走。

（3）超声加工工种　超声加工也称为超声波加工。超声波是指频率 f 在 16000 ~ 20000Hz 的振动波，它可使传播方向上的障碍物受到很大的压力，超声加工就是利用这种能量进行加工的。

除上述工种外，特种加工工种还有：激光加工工种、电子束加工与离子束加工工种、水射流加工工种等。

4. 其他工种

（1）机械设备维修工　从事设备安装维护和修理的工种，从事的工作主要包括：

1）选择测定机械设备安装的场地、环境和条件。

2）进行设备搬迁和新设备的安装与调试。

3）对机械设备的机械、液压、气动故障和机械磨损进行修理。

4）更换或修复机械零部件，润滑保养设备。

5）对修复后的机械设备进行运行调试与调整。

6）巡回检修到现场，排除机械设备运行过程中的一般故障。

7）对损伤的机械零件进行钣金、钳工加工。

8）配合技术人员预检机械设备故障，编制大修方案，并完成大、中、小型修理。

9）维护保养工、夹、量具，仪器仪表，排除使用过程中出现的故障。

（2）维修电工　从事工厂设备的电气系统安装、调试与维护、修理的工种，从事的工作主要包括：

1）对电气设备与原材料进行选型。

2）安装、调试、维护、保养电气设备。

3）架设并接通送、配电线路与电缆。

4）对电气设备进行修理或更换有缺陷的零部件。

5）对机床等设备的电气装置、电工器材进行维护保养与修理。

6）对室内用电线路和照明灯具进行安装、调试与修理。

7）维护保养电工工具、器具及测试仪器仪表。

8）填写安装、运行、检修设备技术记录。

（3）电加工设备操作工　在机械制造中，为了加工各种难加工的材料和各种复杂的表面，常直接利用电能、化学能、热能、光能、声能等进行零件加工，这种加工方法一般称为特种加工。其中操作电加工设备进行零件加工的工种称为电加工设备操作工。常用的加工方法有电火花加工、电解加工等。

三、机械制造工厂的安全生产与节能环保常识

机械制造工厂的安全主要是人身安全和设备安全，防止生产中发生意外安全事故，消除各类事故隐患。工厂要利用各种方法与技术，使工作者确立"安全第一"的观念，使工厂设备的防护及工作者的个人防护得以改善。劳动者必须加强法制观念，认真贯彻上级有关安全生产、劳动保护政策、法令和规定。严格遵守安全技术操作规程和各项安全生产制度。

1. 安全规章制度

在工厂中为防止事故的发生，应制定出各种安全规章制度，落实安全规章制度，强化安全防范措施。对新工人进行厂级、车间级、班组级三级安全教育。

（1）工人安全职责

1）参加安全活动、学习安全技术知识，严格遵守各项安全生产规章制度。

2）认真执行交接班制度，接班前必须认真检查本岗位的设备和安全设施是否齐全完好。

3）精心操作，严格执行工艺规程，遵守纪律，记录清晰、真实、整洁。

4）按时巡回检查、准确分析、判断和处理生产过程中的异常情况。

5）认真维护保养设备，发现缺陷及时消除，并做好记录，保持作业场所清洁。

6）正确使用、妥善保管各种劳动防护用品、器具和防护器材、消防器材。

7）不违章作业、并劝阻或制止他人违章作业，对违章指挥有权拒绝执行的同时，及时向上级领导报告。

（2）车间管理安全规则

1）车间应保持整齐清洁。

2）车间内的通道、安全门进出应保持畅通。

3）工具、材料等应分开存放，并按规定安置。

4）车间内保持通风良好，光线充足。

5）安全警示标图醒目到位，各类防护器具设放可靠，方便使用。

6）进入车间的人员应配带安全帽，穿好工作服等防护用品。

（3）设备操作安全规则

1）严禁为了操作方便而拆下机器的安全装置。

2）使用机器前应熟读其说明书，并按操作规则正确操作机器。

3）未经许可或不太熟悉的设备，不得擅自操作使用。

4）禁止多人同时操作同一台设备，严禁用手摸机器运转着的部分。

5）定时维护、保养设备。

6）发现设备故障应作记录并请专人维修。

7）如发生事故应立即停机，切断电源，并及时报告，注意保持现场。

8）严格执行安全操作规程，严禁违规作业。

2. 节能常识

能源是为人类的生产和生活提供各种能量和动力的物质资源，是国民经济的重要物质基础。能源的开发和有效利用程度以及人均消费量是生产技术和生活水平的重要标志。

（1）能源的种类

1）一次能源和二次能源：自然界中本来就有的各种形式的能源称为一次能源。一次能源可按其来源的不同划分为来自地球以外的、地球内部的、地球与其他天体相互作用的三类。来自地球以外的一次能源主要是太阳能。凡由一次能源经过转化或加工制造而产生的能源称为二次能源，如电力、氢能、石油制品、煤制气、煤液化油、蒸汽和压缩空气等。但水力发电虽是由水的落差转换而来，一般均作为一次能源。

2）再生能源和非再生能源：人们对一次能源又进一步加以分类。凡是可以不断得到补充或能在较短周期内再产生的能源称为再生能源，反之称为非再生能源。风能、水能、海洋能、潮汐能、太阳能和生物质能等是可再生能源；煤、石油和天然气等是非再生能源。

3）常规能源和新能源：世界大量消耗的石油、天然气、煤和核能等称为常规能源。新能源是相对于常规能源而言的，泛指太阳能、风能、地热能、海洋能、潮汐能和生物质能等。由于新能源还处于研究、发展阶段，只能因地制宜地开发和利用。但新能源大多数是再生能源，资源丰富，分布广阔，是未来的主要能源之一。

4）商品能源和非商品能源：凡进入能源市场作为商品销售的如煤、石油、天然气和电等均为商品能源。国际上的统计数字均限于商品能源。非商品能源主要指薪柴和农作物残余（秸秆等）。

（2）能源利用状况　能源利用状况是指用能单位在能源转换、输配和利用系统的设备及网络配置上的合理性与实际运行状况，工艺及设备技术性能的先进性及实际运行操作技术水平，能源购销、分配、使用管理的科学性等方面所反映的实际耗能情况及用能水平。

（3）节能　节能的中心思想是采取技术上可行、经济上合理以及环境和社会可接受的措施，来更有效地利用能源资源。为了达到这一目的，需要从能源资源的开发到终端利用，更好地进行科学管理和技术改造，以达到高的能源利用效率和降低单位产品的能源消费。由于常规能源资源有限，而世界能源的总消费量则随着工农业生产的发展和人民生活水平的提高越来越大，世界各国十分重视节能技术的研究（特别是节约常规能源中的煤、石油和天然气，因为这些还是宝贵的化工原料，尤其是石油，它的世界储量相对很少），千方百计地寻求代用能源，开发利用新能源。

3. 环境保护常识

人类与环境的关系十分复杂，人类的生存和发展都依赖于对环境和资源的开发和利用，然而正是在人类开发利用环境和资源的过程中，产生了一系列的环境问题，种种环境损害行为归根结底是由于人们缺乏对环境的正确认识。

环境保护是指人类为解决现实的或潜在的环境问题，协调人类与环境的关系、保障经济社会的持续发展而采取的各种行动。其内容主要有：

（1）防治由生产和生活引起的环境污染　包括防治工业生产排放的"三废"（废水、废气、废渣）、粉尘、放射性物质，以及产生的噪声、振动、恶臭和电磁微波辐射；交通运输活动产生的有害气体、废液、噪声，海上船舶运输排出的污染物；工农业生产和人民生活使用的有毒有害化学品，城镇生活排放的烟尘、污水和垃圾等造成的污染。

（2）防止由建设和开发活动引起的环境破坏　它包括防止由大型水利工程、铁路、公路干线、大型港口码头、机场和大型工业项目等工程建设对环境造成的污染和破坏，农垦和围湖造田活动、海上油田、海岸带和沼泽地的开发、森林和矿产资源的开发对环境的破坏和影响；新工业区、新城镇的设置和建设等对环境的破坏、污染和影响。

（3）加强环境保护与教育　为保证企业的健康发展和可持续发展，文明生产与环境管理、保护的主要措施有：

1）严格劳动纪律和工艺纪律，遵守操作规程和安全规程。

2）做好厂区和企业生产现场的绿化、美化的净化，严格做好"三废"（废水、废气、废渣）处理工作，消除污染源。

3）保持厂区和生产现场的清洁、卫生。

4）合理布置工作场地，物品摆放整齐，便于生产操作。

5）机器设备、工具仪器、仪表等运转正常，保养良好。工位器具齐备。

6）坚持安全生产，安全设施齐备，建立健全的管理制度，消除事故隐患。

7）保持良好的生产秩序。

8）加强教育，坚持科学发展和可持续发展的生产管理观念。

习题与思考

一、填空题

1. _____是机器和机构的根本区别，它们的共同特征是_____。

2. 工人生产的最小机械产品是_____。

3. 运动副是使构件_____并产生_____的动连接。

4. 常用的低副有_____、_____、_____三种形式。

5. 制造系统覆盖产品的全部生产过程，即____、____、____、销售等的全过程。

6. 工艺设计的主要内容有_____、_____、_____、工装设计制造。

7. 机加工中常见的冷加工工种有_____、_____、_____、_____等。

8. 热加工工艺是指_____、_____、_____、_____等。

9. 企业三级安全教育是指_____、_____、_____。

10. 企业生产中常见的污染源有_____、_____、_____、_____等。

二、判断题

1. 构件是最小的运动单元，故其工作中一定是运动的。　（　　）

2. 组成同一个构件的零件间能存在相对运动。　（　　）

3. 任何机器都是人类的劳动产品。　（　　）

4. 构成移动副的两个构件间只能作相对转动。　（　　）

5. 运动副可分为面接触和线接触运动副。　（　　）

6. 越是复杂的机器，从其功能上看，组成部分应越多。　（　　）

7. 自由锻不但适于单件、小批生产中锻造形状简单的锻件，而且是锻造大型锻件惟一的锻造方法。　（　　）

8. 焊接电弧是指电极与焊条间的气体介质强烈而持久的放电现象。　（　　）

三、选择题

1. 人类为了适应生活和生产的需要，创造出各种____来代替或减轻人的劳动。

A. 机构　　　　　　　B. 机器　　　　　　　C. 构件

2. 任何机构都有_____个共同的特性。

A. 1　　　　　　　B. 2　　　　　　　C. 3　　　　　　　D. 0

3. 卧式车床上的滑板与导轨间组成的运动副是_____。

A. 转动副　　　　　B. 移动副　　　　　C. 螺旋副　　　　　D. 滚动副

4. 据零件和构件的定义可知，整体式曲轴_____。

A. 是零件　　　　　B. 是构件　　　　　C. 既是零件又是构件

5. 同等条件下，两构件组成高副比组成低副传动时，传动效率_____。

A. 高　　　　　　　B. 低　　　　　　　C. 两种情况下相同

6. 机械效率值永远是_____。

A. 大于1　　　　　B. 小于1　　　　　C. 等于1　　　　　D. 负数

7. 下述哪一点是构件概念的正确表述？（　　　　）

A. 构件是零件组合而成的　　　　　　B. 构件是机器的制造单元

C. 构件是机器的运动单元　　　　　　D. 构件是机器的装配单元

8. 在铸造生产的各种方法中最基本的方法是。（　　　　）

A. 金属型铸造　　　B. 熔模铸造　　　C. 压力铸造　　　D. 砂型铸造

四、综合题

1. 举例说明机器与机构的异同。

2. 举例说明构件与零件的异同。

3. 说明如图1-20所示的机构中各构件间组成的运动副形式。

4. 简述生产过程的概念。

5. 产品生产过程中的物质流、信息流、资金流是何含义？

6. 机械产品的生产过程分几个阶段？它包括哪些主要组成部分？

7. 装配工作包含哪些内容？

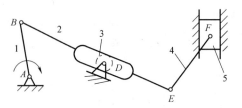

图 1-20　习题图

8. 简述冷加工各工种的加工工艺范围。

9. 什么是再生能源和非再生能源？如何树立节能意识？

10. 文明生产与环境管理、保护的主要措施有哪些？

单元二 机械识图

学习目标

1. 了解机械制图国家标准的相关规定。

2. 了解正投影的概念，理解基本几何体的三视图，能识读简单组合体的三视图。

3. 理解并能识读基本视图、简单的剖视图和断面图。

4. 了解斜视图、局部视图和局部放大图的基本概念。

5. 了解零件图的基本内容、零件的表达形式。

6. 了解零件几何精度指标的基本概念及其符号标注。

7. 掌握识读零件图的方法和步骤，了解常用标准件的结构及规定画法，并能正确识读典型零件的零件图。

8. 掌握查阅机械制图国家标准的方法。

9. 了解配合的基本概念和种类。

10. 了解识读装配图的方法和步骤。

课题一 机械识图常识

一、机械制图国家标准的有关规定

机械图样是一门工程语言，是工程技术人员与技术工人对话的工具。本单元主要介绍机械制图国家标准中的图纸幅面和格式、比例、字体、图线，以及尺寸注法等。

1. 图纸幅面和格式（GB/T 14689—2008）

（1）基本幅面 为便于图样绘制、使用和管理，用于绘制图样的图纸，其幅面的大小和格式必须遵循 GB/T 14689—2008 中的规定。

绘制技术图样时，应优先采用表 2-1 中所规定的基本幅面及尺寸。

表 2-1 基本幅面及尺寸 （单位：mm）

幅面代号	A0	A1	A2	A3	A4
$B \times L$	841×1189	594×841	420×594	297×420	210×297
e	20			10	
c	10			5	
a	25				

（2）加长幅面　当基本幅面不能满足需要时，也允许采用加长幅面。加长幅面的尺寸是以某一基本幅面为基础的，即以基本幅面的长边尺寸成为其短边尺寸，短边尺寸成整数倍增加后成为其长边尺寸。例如，代号为 A3×3 的加长幅面，其短边尺寸为 420mm，是原 A3 幅面的长边尺寸；而其长边尺寸为 891mm，是由 A3 幅面的短边尺寸 297 乘以 3 后得到的。

（3）图框格式　绘制机械图样时，应绘制图框，图框线必须用粗实线绘制。图框格式分留装订边和不留装订边两种，但同一产品的图样只能采用一种格式。

留装订边的图纸，其图框格式如图 2-1a、b 所示；不留装订边的图纸，其图框格式如图 2-1c、d 所示。这两种格式的周边尺寸见表 2-1。加长幅面的周边尺寸按所选用的基本幅面大一号的周边尺寸确定。

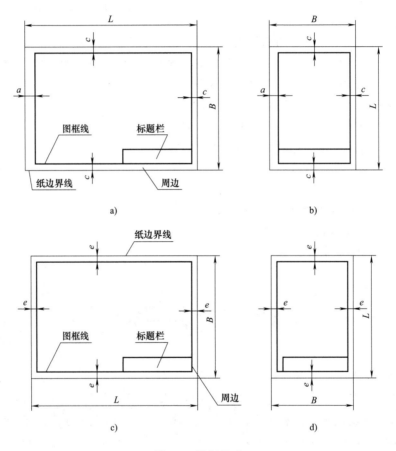

图 2-1　图框格式

（4）标题栏　每张图样图框的右下角必须画出标题栏，标题栏中文字的方向为读图方向。标题栏格式如图 2-2 所示。

当使用预先印制好图框及标题栏格式的图纸绘图时，为了满足合理安排图形的需要，允许看图方向与标题栏的方向不同，但必须在图纸的下边对中符号处画一个方向符号，如图 2-3 所示，以明确表示看图方向。方向符号是一个用细实线绘制的、高度为 6mm 的等边三角形。其画法如图 2-4 所示。

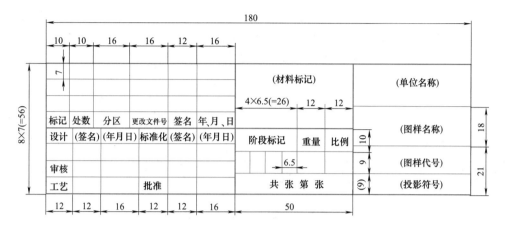

a)

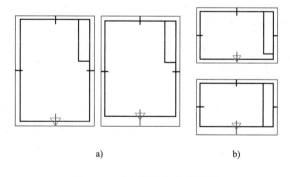

b)

图 2-2　标题栏格式

a）标题栏格式举例　b）学生制图用标题栏格式

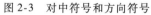

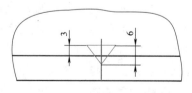

图 2-3　对中符号和方向符号　　　　图 2-4　方向符号的大小和位置

2. 比例（GB/T 14690—1993）

比例是指图样中图形与其实物相应要素的线性尺寸之比。比例分为三种：

（1）原值比例　比值为 1 的比例，即 1:1。

（2）放大比例　比值大于 1 的比例，如 4:1 等。

（3）缩小比例　比值小于1的比例，如1:4等。

绘图时应尽量采用1:1的原值比例，当需要按比例绘制图样时，优先选择表2-2中规定的系列，必要时也允许从表2-3规定的系列中选取。

表2-2　比例系列一

种类	比 例				
原值比例	1:1				
放大比例	2:1	5:1	$1 \times 10^n:1$	$2 \times 10^n:1$	$5 \times 10^n:1$
缩小比例	1:2	1:5	1:10	$1:1 \times 10^n$	$1:2 \times 10^n$　$1:5 \times 10^n$

注：n 为正整数。

表2-3　比例系列二

种类	比 例				
放大比例	4:1	2.5:1	$2.5 \times 10^n:1$	$4 \times 10^n:1$	
缩小比例	1:1.5	1:2.5	1:3	1:4	1:6
	$1:1.5 \times 10^n$	$1:2.5 \times 10^n$	$1:3 \times 10^n$	$1:4 \times 10^n$	$1:6 \times 10^n$

注：n 为正整数。

对于同一张图样上的各个图形，原则上应采用相同的比例绘制，并在标题栏内的"比例"一栏中进行填写。比例符号以"："表示，如1:1或1:2等。当某个图形需采用不同比例绘制时，可在视图名称的下方以分数形式标注出该图形所采用的比例，如 $\dfrac{I}{2:1}$、$\dfrac{A}{2:1}$、$\dfrac{B-B}{2.5:1}$ 等，标注示例如图2-5所示。

3. 字体（GB/T 14691—1993）

图样中的文字书写要做到字体工整、笔画清楚、间隔均匀、排列整齐。

字体的高度（用 h 表示）代表字体的号数，国家标准规定字体的高度系列为1.8mm、2.5mm、3.5mm、5mm、7mm、10mm、14mm、20mm八种；字体的宽度约为字高的2/3；汉字应写成长仿宋体，并应采用国家正式公布推行的简化字；汉字的高度 h 应不小于3.5mm。字母与数字可分为A、B两种形式，A型字体的笔画较窄，为字体高度的1/14；B型字体的笔画较宽，为字高

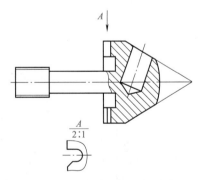

图2-5　比例另行标注的形式

的1/10。在同一图样上只能出现一种形式的字体。字母与数字可写成直体和斜体。斜体字字头向右倾斜，与水平线成75°。

字体示例如图2-6所示。

4. 图线（GB/T 17450—1998、GB/T 4457.4—2002）

（1）图线的种类　图样中的图形是用各种不同粗细和形式的图线画成的，如图2-7所示。绘制图样时，应采用表2-4中规定的图线。

（2）图线画法　图线的宽度分粗、细两种，粗线的宽度为 d。根据图形的大小和复杂程度，并考虑图样的复制条件，d 在 $0.5 \sim 2$mm 范围内选用，细线的宽度约为 $d/2$。图线 d 的

10号

字体端正　笔划清楚　排列整齐　间隔均匀

7号

装配时作斜度深沉最大小球厚直网纹均布锪平镀抛光
研视图向旋转前后表面展开图两端中心孔锥销

5号

技术要求对称不同轴垂线相交行径跳动弯曲形位移允许偏差
内外左右检验数值范围应符合于等级精热处理淬退回火渗碳
硬有效总圈并紧其余注明按全部倒角

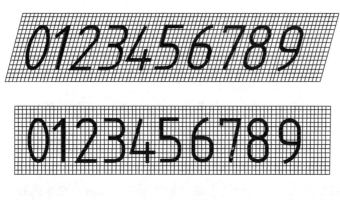

图 2-6　字体示例

推荐系列为 0.18mm、0.25mm、0.35mm、0.5mm、0.7mm、1mm、1.4mm、2mm。

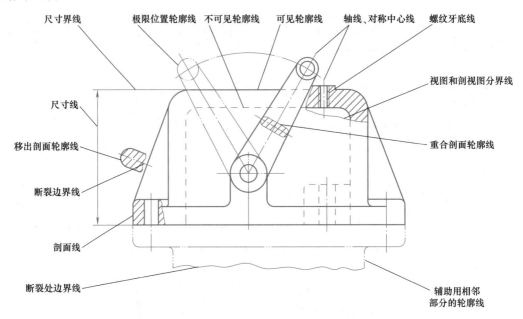

图 2-7　图线的应用示例

（3）绘制图样应遵守的规定和要求

1）同一张图样中，同类图线的宽度基本一致。虚线、点画线和双点画线的线段长度和间隔，应各自大致相等。

2）两条平行线（包括剖面线）之间的距离，应不小于粗实线的两倍宽度，其最小距离不得小于 0.7mm。

3）轴线、对称中心线、双点画线应超出轮廓线 2～5mm。点画线和双点画线的末端应是线段，而不是短画。若圆的直径较小，两条点画线可用细实线代替。

4）虚线、点画线与其他图线相交时，应在线段处相交，不应在空隙或短画处相交。当虚线圆弧与虚线直线相切时，应相切于线，而不是间隙。

表 2-4　图线的形式及应用

图线名称	图线形式	图线宽度	主要用途
粗实线	——————————	粗线	可见轮廓线、可见过渡线
细实线	——————————	细线	尺寸线、尺寸界线、剖面线、引出线、辅助线
波浪线	～～～～～	细线	断裂处的边界线、视图与剖视图的分界线
双折线	—／—／—／—	细线	断裂处的边界线
虚线	2～6 ⊢ ≈1	细线	不可见轮廓线、不可见过渡线
细点画线	≈20 — ≈3	细线	轴线、对称中心线、节圆及节线
粗点画线	≈15 — ≈3	粗线	有特殊要求的线或表面的表示线
双点画线	≈20 — ≈5	细线	假想轮廓线、相邻辅助零件的轮廓线、中断线、轨迹线

5. 尺寸注法（GB/T 4458.4—2003、GB/T 19096—2003）

（1）基本规则

1）机件的真实大小以图样上所注的尺寸数值为依据，与图形的大小和准确度无关。

2）图样中的尺寸，如以毫米（mm）为单位，则不需标注单位或代号。否则，必须予以说明。

3）图样中所注的尺寸为机件的最后完工尺寸，否则，应另加说明。

4）一般情况下，机件的每一尺寸只标注一次，并标注在表达该结构最清晰的图形上。

（2）尺寸组成 一个完整的尺寸应包括尺寸界线、尺寸线和尺寸数字。

1）尺寸界线。尺寸界线表示尺寸的范围，如图 2-8 所示。尺寸界线用细实线绘制，由图形的轮廓线、轴心线或对称中心线处引出，有时根据需要也可直接

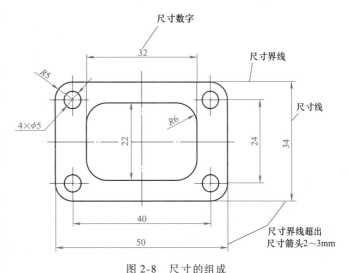

图 2-8 尺寸的组成

利用轮廓线、轴心线或对称中心线作为尺寸界线。尺寸界线一般应与尺寸线垂直，并超出尺寸线的终端 2～3mm。

在光滑过渡处标注尺寸时，必须用细实线将轮廓线延长，从它们的交点处引出尺寸界线，如图 2-9 所示。

2）尺寸线。尺寸线表示尺寸的方向。如图 2-8 所示，尺寸线用细实线绘制，必须单独绘制，不能用图样上任何其他图线代替，也不能与其他任何图线重合或在其延长线上。线性尺寸的尺寸线必须与所标注的线段平行。相同方向的各尺寸线之间应间隔均匀，一般间隔 6～8mm。角度和弧长的尺寸线是以所标注对象的顶点为圆心所画的圆弧。尺寸线的终端有两种形式：

① 箭头。箭头的形式如图 2-10a 所示，适用于各种类型图样中尺寸的标注。

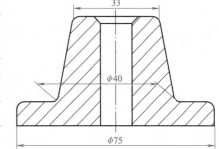

图 2-9 光滑过渡处尺寸界线画法

② 斜线。斜线用细实线绘制，画法如图 2-10b 所示。这种形式在机械图样中一般不用，常用于建筑图样。

同一图样中，箭头或斜线应大小一致。

3）尺寸数字。尺寸数字表示机件尺寸的大小。

如图 2-8 所示，尺寸数字采用阿拉伯数字。同一图样中，尺寸数字的大小应一致。

线性尺寸的数字一般注写在尺寸的上方，也可以写在尺寸线的中断处，同一图样中最好保持一致。尺寸数字不允许被图线穿过，否则，图线应断开。

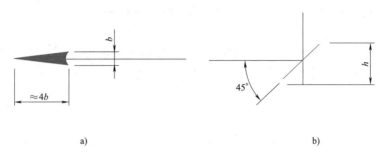

图 2-10　尺寸线的终端形式

a）箭头　b）斜线

尺寸数字的方向应朝上或朝左，尽量避免在如图 2-11a 所示的 30° 范围内标注尺寸数字。如果实在无法避免，可以采用如图 2-11b 所示的形式标注。

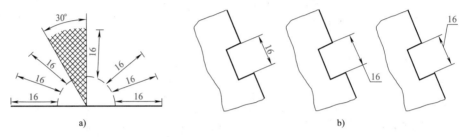

图 2-11　尺寸数字的注写

尺寸数字与不同的符号组合，表示不同类型结构的尺寸大小。常见的尺寸符号及其意义见表 2-5。

（3）尺寸标注示例　表 2-5 给出了国家标准所规定的常见尺寸注法。

表 2-5　尺寸标注示例

标注内容	示　　例	说　　明
线性尺寸	a）　　　　b） c）	线性尺寸的数字应按图 a 中的方向书写，并尽量避免在图示 30° 范围内标注尺寸。当无法避免时，可按图 b 标注。在不致引起误解时，非水平方向的尺寸数字也允许水平地注写在尺寸线的中断处（图 c），但在同一图样中注法应一致
角度尺寸	a）　　　　b）	尺寸界线应沿径向引出，尺寸线画成圆弧，圆心是角的顶点。尺寸数字一律水平书写，一般注在尺寸线的中断处，必要时也可按 b 图的形式标注

（续）

标注内容	示 例	说 明
圆、圆弧、大圆弧	a)　　　　　　b)	标注直径时,应在尺寸数字前加注符号"φ";标注半径时,应在尺寸数字前加注符号"R"。当圆弧的半径过大或在图纸范围内无法注出其圆心位置时,可按图 a 的形式标注;若不需要标出其圆心位置时,可按图 b 形式标注,但尺寸线应指向圆心
小尺寸		在没有足够的位置画箭头或标注数字时,可将箭头或数字布置在外面,也可将箭头和数字都布置在外面

二、三视图的形成与投影规律

1. 投影法的基本知识

根据投射线、投影物体和投影面之间关系的不同，投影法可分为两大类：中心投影法和平行投影法。

（1）中心投影法　如图 2-12 所示，投射线都是从投影中心 S（光源点）发出的，所得的投影大小总是随物体的位置不同而改变，这种投射线互不平行且汇交于一点的投影法就称为中心投影法。

（2）平行投影法　如图 2-12 所示，如果将投影中心 S 移到无穷远处，则投影面上的投影□abcd 就会与空间□ABCD 的轮廓大小相等，这时投射线互相平行，所得到的投影可以反映物体的实际形状，如图 2-13 所示。这种投射线相互平行的投影法称为平行投影法。

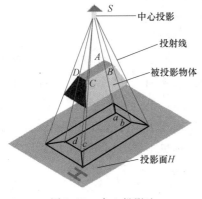

图 2-12　中心投影法

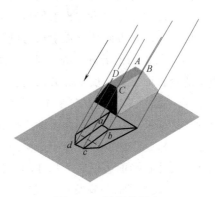

图 2-13　平行投影法

根据投射线与投影面所成的角度不同，平行投影法又可分为斜投影法和正投影法两种。

用正投影法得到的投影图能够表达物体的真实形状和大小，度量性好，绘制方法也较简单，工程图样除有特别说明外一般都选择正投影法作图。

（3）正投影法的投影特性

1）从属性：若点在直线上，则点的投影仍然在该直线的投影上。

2）定比性：直线上的点分割该线段的长度之比等于它们的投影长度之比。

3）平行性：两平行直线的投影仍平行。

4）积聚性：当线段和平面图形垂直于投影面时，它们的投影积聚成一点和一条直线。

2. 三视图的形成

（1）投影面的设置和名称　为了准确地表达物体的形状和大小，常选取互相垂直的三个投影面，构成三面投影体系，如图 2-14 所示。

三个投影面的名称和代号是：

正对观察者的投影面称为正投影面，简称正面，代号用字母 V 表示。

水平位置的投影面称为水平投影面，简称水平面，代号用字母 H 表示。

右边侧立的投影面称为侧立投影面，简称侧面，代号用字母 W 表示。

三个投影面交线 OX、OY、OZ 称为投影轴，简称 X 轴、Y 轴、Z 轴。三投影轴互相垂直相交于一点 O，称为原点。

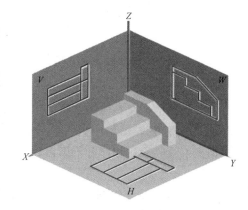

图 2-14　三投影面体系

（2）视图的形成和名称　正投影图与三投影面体系的建立为准确、完整地表达物体的形状和大小提供了方便。如图 2-15a 所示，假设把物体放在观察者与三投影面体系之间，将组成该物体的各几何要素分别向三个投影面投影，就可在三个投影面上画出三个图形，称之为视图。

由物体的前方向后方投射所得到的视图（正面投影）称为主视图。

由物体的上方向下方投射所得到的视图（水平面投影）称为俯视图。

由物体的左方向右方投射所得到的视图（侧面投影）称为左视图。

（3）投影面的展开　为了把空间的三个视图画在一个平面上，就必须把三个相互垂直相交的投影面展开。展开的方法是：正面（V）保持不动，水平面（H）绕 OX 轴向下旋转 $90°$，侧平面（W）绕 OZ 轴向右旋转 $90°$，使它们和正面（V）形成一个平面，如图 2-15b 所示。这样展开在一个平面上的三个视图，称之为物体的三面视图，简称为三视图。由于投影面的边框是设想的，所以不必画出，各个投影面和视图名称也不需要标注，可由其位置来识别，去掉投影面边框后的物体的三视图，如图 2-15c、d 所示。

（4）三视图的关系及投影规律

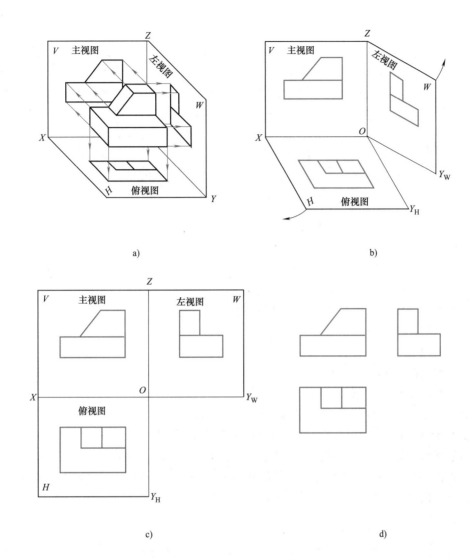

a)

b)

c)

d)

图 2-15 三视图的形成

a）在三投影面体系中分别投射 b）投影面展开 c）投影面展开
后的三面视图 d）三视图

1）位置关系。由图 2-15c、d 可知，物体的三个视图按规定展开在同一平面上以后，具有明确的位置关系，即主视图在上方，俯视图在主视图的正下方，左视图在主视图的正右方。画三视图时必须以主视图为主按上述关系排列三个视图的位置，这个位置关系是不能变动的，并且视图之间要相互对齐、对正，不能错开。

2）投影关系。任何一个物体都有长、宽、高三个方向的尺寸。如图 2-16 所示，由物体的三视图可以看出：

主视图——反映物体的长度和高度。

俯视图——反映物体的长度和宽度。

左视图——反映物体的高度和宽度。

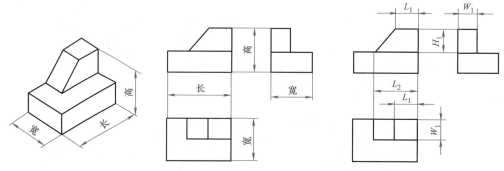

图 2-16　三视图的"三等"对应关系

由于三个视图反映的是同一物体，其长、宽、高是一致的，所以每两个视图之间必有一个相同的度量，即：

主、俯视图反映了物体的同样长度（等长）。

主、左视图反映了物体的同样高度（等高）。

俯、左视图反映了物体的同样宽度（等宽）。

因此，三视图之间的投影对应关系可以归纳为：

主、俯视图长对正（等长）。

主、左视图高平齐（等高）。

俯、左视图宽相等（等宽）。

上面所归纳的"三等"关系，简单地说就是"长对正，高平齐，宽相等"。对于任何一个物体，不论是整体，还是局部，这个投影对应关系都保持不变。"三等"关系反映了三个视图之间的投影规律，是工程识图、绘图和检查图样的基础和依据。

3）方位关系。三视图中不仅反映了物体的长、宽、高，同时也反映了物体的上、下、左、右、前、后六个方位的位置关系，如图 2-17 所示。

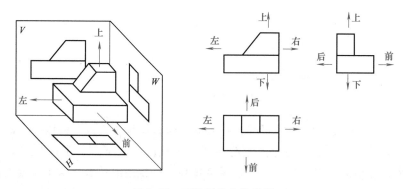

图 2-17　三视图的方位关系

主视图反映了物体的上、下、左、右方位。

俯视图反映了物体的前、后、左、右方位。

左视图反映了物体的上、下、前、后方位。

在三视图的方位关系中，以主视图为主，对于俯视图和左视图来说，凡靠近主视图的一边（里面）是表示物体的后面；凡是远离主视图的一边（外面），是物体的前面。

三、基本几何体的投影及尺寸标注

基本几何体的分类如图 2-18 所示。

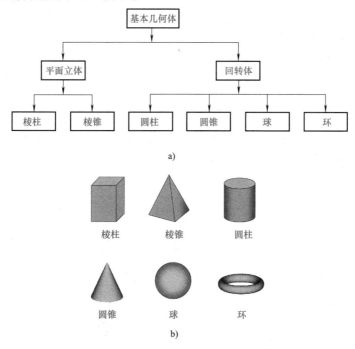

a)

b)

图 2-18 基本几何体

a）基本几何体分类结构图 b）基本几何体实物举例

熟练地掌握基本几何体视图的绘制和阅读，能为今后用视图表达较复杂几何体的形状，以及识读机械零件图打下坚实的理论基础。

1. 棱柱

常见棱柱为直棱柱，它的顶面和底面是两个全等且相互平行的多边形，称为特征面，各侧面为矩形，侧棱垂直于底面。顶面和底面为正多边形的直棱柱，称为正棱柱。

图 2-19a 所示为一正六棱柱，顶面和底面是正六边形的水平面，前后两个矩形侧面为正平面，其他侧面为矩形的铅垂面。

图 2-19b 所示为正六棱柱的三视图。

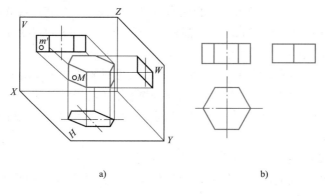

a) b)

图 2-19 正六棱柱的三视图

俯视图为一正六边形，是顶面和底面的重合投影，反映顶、底面的实形，为特征视图。六边形的边和顶点是六个侧面的投影和六条侧棱的积聚投影。

主视图的三个矩形线框是六个侧面的投影，中间的矩形线框是前、后侧面的重合投影，反应实形；左、右两个矩形线框分别为六棱柱其余四个侧棱面的重合投影，是类似形；上下两条图线是顶面和底面的积聚投影，另外四条图线是六条侧棱的投影。

左视图的两个矩形线框是六棱柱左边两个侧面的投影，且遮住了右边两个侧面，投影不反映实形，是类似形。

2. 棱锥

棱锥的底面为多边形，各侧面为若干具有公共顶点的三角形。当棱锥底面为正多边形，各侧面是全等的等腰三角形时，称为正棱锥。

图 2-20a 所示为一正四棱锥，底面为一正方形且为水平面，四个侧棱面均为等腰三角形，所有棱线都交于一点，即锥顶 S。图 2-20b 所示为正四棱锥的三视图。

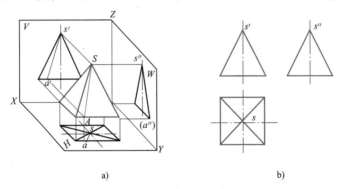

a)   b)

图 2-20　正四棱锥的三视图

主视图是一个三角形线框。三角形各边分别是底面与左、右两侧面的积聚性投影。整个三角形线框同时也反映了正四棱锥前侧面和后侧面在正面上的投影，但并不反映它们的实形。

四棱锥的俯视图是由四个三角形组成的外形为正方形的线框。正四棱锥的底面平行于水平面，因而它的俯视图反映实形，是一个正方形。四个侧面都与水平面倾斜，它们的俯视图应为四个不显实形的三角形线框，它们的四个底边正好是正方形的四条边线。

左视图也是一个三角形线框，但三角形两条斜边所表示的是四棱锥的前、后两侧面。

3. 圆柱

圆柱由圆柱面、顶面和底面组成。圆柱面可以看成是由一条直母线 AA_1 围绕与它平行的轴线 OO_1 回转而成的，如图 2-21 所示。圆柱面上任意一条平行于轴线的直线称为圆柱面的素线。

如图 2-22a 所示圆柱的轴线垂直于 H 面，其三视图如图 2-22b 所示。俯视图的圆反映圆柱顶面和底面的实形，圆周是圆柱面的积聚投影，圆柱面上任何点和线在 H 面上的投影都重合在圆周上。两条相互垂直的点画线，表示确定圆心的对称中心线。

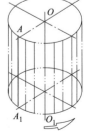

图 2-21　圆柱面的形成

主视图的矩形线框是圆柱面的前半部分和后半部分的重合投影，上、下底边是圆柱的顶面、底面的积聚投影，线框的左、右两轮廓线是圆柱面上最左、最右素线的投影。

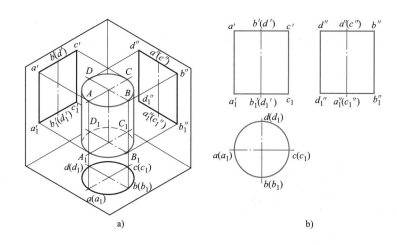

图 2-22　圆柱的三视图

　　左视图的矩形线框是圆柱面的左半部分和右半部分的重合投影，其上、下边是圆柱上、下底面的投影，其左、右边则是圆柱面上最后、最前两条直素线的投影，也是左视图圆柱表面可见性分界线。

　　4. 圆锥

　　圆锥体的表面是圆锥面和圆形底面所围成的，而圆锥面则可看作是由一直母线 SA 绕和它相交的轴线 SO 回转而成的。在圆锥上通过锥顶 S 的任一直线称为圆锥面的素线。母线上任一点的运动轨迹为圆，如图 2-23 所示。

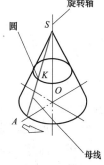

图 2-23　圆锥面的形成

　　图 2-24a 所示为一圆锥，其底面与水平面平行，底面为特征面。图 2-24b 所示为圆锥的三视图。

　　因圆锥的轴线垂直于水平面，底面平行于水平面，故俯视图是一个反映实形的圆。这个圆也是圆锥面的水平投影。凡是在圆锥面上的点、线的水平投影都应在俯视图圆平面的范围内。

　　圆锥的主视图是一个等腰三角形，其底边表示圆形底面的投影，两腰是最左、最右素线

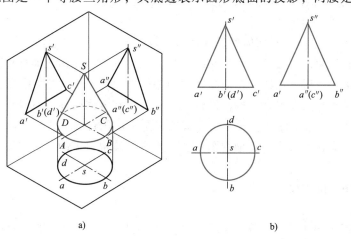

图 2-24　圆锥的三视图

的投影。

圆锥的左视图跟它的主视图一样，也是一个等腰三角形，但其两腰所表示锥面的部位不同，可自行分析。

5. 球

如图 2-25a 所示，圆球面由一个圆作为母线，以其直径为轴线旋转而成。母线上任一点的运动轨迹为大小不等的圆。

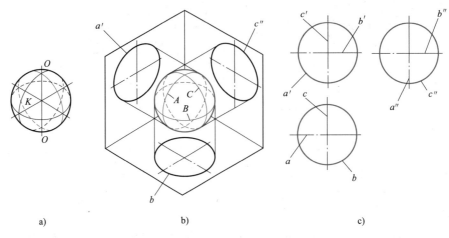

图 2-25　球的形成及三视图

如图 2-25b、c 所示，圆球从任何方向投射，所得到的投影都是与圆球直径相等的圆，因此，其三面视图都是等半径的圆。但各个投影面上的圆，不能认为它们是球面上同一个圆的三个投影，而是三个方向球的转向轮廓线的投影。

主视图中的圆 a' 是轮廓素线圆 A 的 V 面投影，是球面上平行 V 面的素线圆，也就是前半球和后半球可见和不可见的分界圆，它在俯、左两个视图中的投影都与球的中心线 a、a' 重合，不应画出。

俯视图中圆 b 表示上半球面和下半球面的分界线，是平行于 H 面上、下方向轮廓线的投影，它的 V 面和 W 面投影与对称中心线 b 和 b'' 重合。

6. 基本几何体的尺寸标注

图 2-26 所示为常见基本几何体的尺寸注法。标注基本几何体的尺寸时，一般要标注长、宽、高三个方向的尺寸，五棱柱的底面是圆内接正五边形，可注出底面外接圆直径和高度尺寸；正六棱柱的正六边形不注边长，而是注对面距（或对角距），以及柱高；四棱台只标注上、下两个底面尺寸和高度尺寸。标注圆柱、圆台、圆环等回转体的直径尺寸时，应在数字前加注直径符号 ϕ，并且常注在其投影为非圆的视图上。用这种形式标注尺寸时，只要用一个视图就能确定其形状和大小，其他视图可省略不画。球也只需画一个视图，可在直径或半径符号前加注 "S"。

四、组合体图形的识读

1. 读图技巧

（1）从主视图入手将几个视图联系起来分析　在机械图样中，机件的形状一般是通过几个视图来表达的，每个视图只能反映机件一个方向的形状。因此，仅由一个或者两个视图

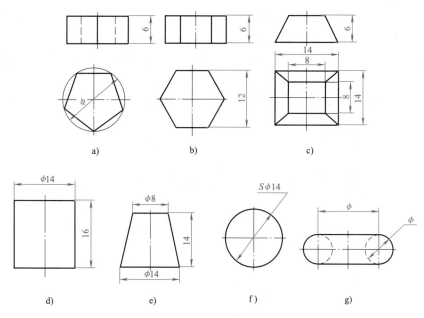

图 2-26　基本几何体的尺寸注法

a）正五棱柱　b）正六棱柱　c）正四棱台　d）圆柱　e）圆台　f）圆球　g）圆环

往往不能唯一地表达机件的形状。如图 2-27 所示的四组图形，它们的俯视图均相同，但实际上是四种不同形状的物体的俯视图。所以，只有把俯视图与主视图联系起来识读，才能判断它们的形状。如图 2-28 所示的三组图形，它们的主、左视图均相同，但同样是三种不同形状的物体。

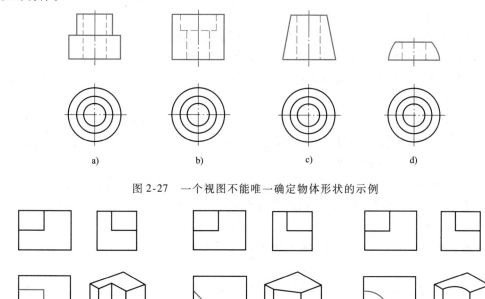

图 2-27　一个视图不能唯一确定物体形状的示例

图 2-28　两个视图不能唯一确定物体形状的示例

由此可见，读图时必须将给出的全部视图联系起来分析，才能想象出物体的形状。

（2）吃透视图中线框和图线的含义

1）视图中的每个封闭线框，通常都表示物体上一个表面（平面或曲面）的投影，如图 2-29a 所示主视图中有四个封闭线框，对照俯视图可知，线框 a'、b'、c' 分别是六棱柱前（后）三个棱面的投影，线框 d' 则是圆柱面前（后）的投影。

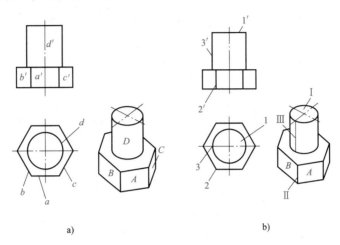

a)   b)

图 2-29　视图中线框和图线的含义

2）相邻两线框或大线框中有小线框，则表示物体不同位置的两个表面。可能是两表面相交，如图 2-29a 所示的 A、B、C 面依次相交；也可能是同向错位（如上下、前后、左右），如图 2-29a 所示俯视图中大线框六边形中的小线框图，就是六棱柱顶面（下）与圆柱顶面（上）的投影。

3）视图中的每条图线，可能是立体表面有积聚性的投影，如图 2-29b 所示主视图中的 $1'$ 是圆柱顶面 I 的投影；或者是两平面交线的投影，如图 2-29b 所示主视图中的 $2'$ 是 A 面与 B 面交线的投影；也可能是曲面转向轮廓线的投影，如图 2-29b 所示主视图中的 $3'$ 是圆柱面前后转向轮廓线的投影。

（3）整体构思物体的形状　物体形状的构思方法和步骤可用以下例子来说明。如图 2-30 所示，已知某一物体三个视图的外轮廓，要求想象出这个物体的形状。

图 2-30　某一物体的
三视图

构思过程如图 2-31 所示。

1）主视图为正方形的物体，可以想象出很多，如立方体、圆柱等，如图 2-31a 所示。

2）主视图为正方形，俯视图为圆的物体，必定是圆柱体，如图 2-31b 所示。

3）左视图为三角形只能由对称圆轴线的两相交侧垂面切出，而且侧垂面要沿圆柱顶面直径切下（保证主视图高度不变），并与圆柱底面交于一点（保证俯视图和左视图不变）。结果如图 2-31c 所示。

4）图 2-31c 中间所示为物体的实际形状。必须注意，主视图上应添加前、后两个半椭圆重合的投影，俯视图上添加两个截面交线的投影。

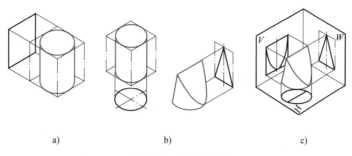

a)　　　　　　　b)　　　　　　　c)

图 2-31　构思过程

2. 读图的基本方法

（1）形体分析法　读图的基本方法与画图一样，主要也是运用形体分析法。在反映形状特征比较明显的主视图上按线框将组合体划分为几个部分，然后通过投影关系，找到各线框在其他视图中的投影，从而分析各部分的形状及它们之间的相互位置，最后综合起来，想象组合体的整体形状。

如图 2-32a 所示的支座，从主视图对应的几个大线框来看，可以把支座分成五个部分：左边底部是与圆筒相切的矩形线框，左中部是三角形线框，中间为矩形线框和圆形线框，右部是矩形线框。根据主视图和左视图对照分析可以确定：左边底部是与圆筒相切的底板，左中部是与圆筒相交的肋板，中间为直立圆柱筒和水平圆柱凸台，右部是与圆筒相交的耳板。支座由直立的圆筒、底板、肋板、凸台及耳板五部分组成，如图 2-32b 所示。由三个视图作进一步分析可以确定：底板左端面是圆柱面，并设有圆孔，其两侧面与直立圆筒相切；在主、左视图相切处不应该有线，底板顶面在主、左视图上的投影应画到相切处为止；肋板是三棱柱，耳板右端面是半圆柱，肋板和耳板的前、后两侧面均与直立圆筒相交，都有截交线；水平圆柱凸台与直立圆筒垂直相交，两者的内、外表面均有相贯线。形体分析结果如图 2-32c 所示。

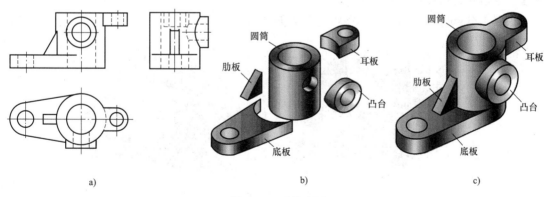

a)　　　　　　　　　　b)　　　　　　　　　　c)

图 2-32　形体读图

利用形体分析法，分析如图 2-33 所示的轴承座形状，具体过程如下：

1）从主视图入手，将其分为Ⅰ、Ⅱ、Ⅲ、Ⅳ四部分，其中Ⅱ、Ⅳ为两对称形体。

2）形体Ⅰ：由反映特征轮廓的主视图对照俯、左视图，可想象出形体Ⅰ是上部挖去了一个半圆槽的长方体，如图 2-33b 所示。

3）形体Ⅱ、Ⅳ：主视图为三角形，俯视图与左视图为矩形线框，想象其为一个三棱

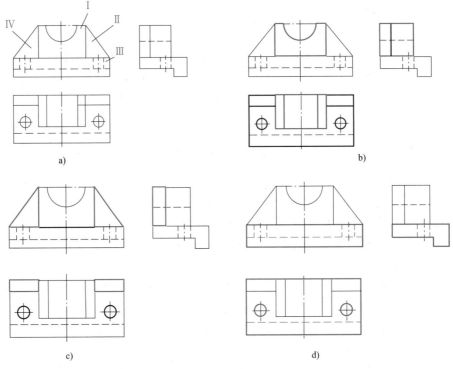

图 2-33　轴承座形体分析

柱，如图 2-33c 所示。

4）形体Ⅲ：由左视图对照主、俯视图，可想象其为带弯边的左右有小圆孔四棱柱，如图 2-33d 所示。

5）由三视图来看，形体Ⅰ在底板的上面居中靠后；形体Ⅱ、Ⅳ在形体Ⅰ左右两侧，形体Ⅰ、Ⅱ、Ⅳ的后面均平齐。

由以上分析可知，轴承座的形状如图 2-34 所示。

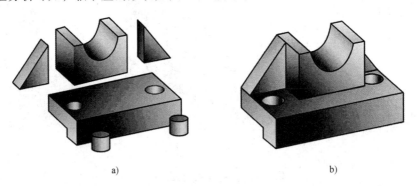

图 2-34　轴承座

（2）线面分析法　对较复杂的组合体，除用形体分析法分析整体外，往往还要对一些局部结构采用线面分析的方法。所谓线面分析法，就是把组合体看成是由若干个平面或平面与曲面围成，面与面之间常存在交线，然后利用线面的投影特征，确定其表面的形状和相对位置，从而想象出组合体的整体形状。

在三视图中，平面的投影特征是：凡"一框对两线"，则表示投影面平行面；凡"一线对两框"，则表示投影面垂直面；凡"三框相对应"，则表示一般位置面平面。要善于利用线面投影的真实性、积聚性和类似性。读图时，应遵循"形体分析为主，线面分析为辅"的原则。

由形体的主、左视图，补画俯视图，分析如图2-35a所示的形体，过程如下：

主视图左上角的斜线是一正垂面的投影，如图2-35b所示。根据高平齐，正垂面的侧面投影为七边形，所以补画的俯视图为类似七边形；左视图中的两条斜线是两个侧垂面的投影，根据高平齐，其正面投影为四边形，根据宽相等和长对正，补画的俯视图为类似的两个四边形，如图2-35c所示；如图2-35d所示，最左边的直线是侧平面的投影，左视图反映侧平面的实形，俯视图为一直线；在图2-35e左视图中，前、后两条直线是正平面的投影，其主视图反映正平面的实形，俯视图为前、后两条直线。根据以上分析，形体是被一个正垂面和两个侧垂面截切而成，如图2-36所示。补全的俯视图如图2-35f所示。

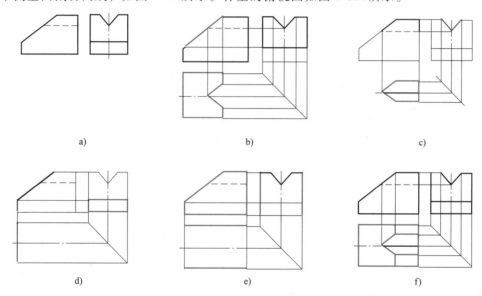

图2-35　分析表面的形状

a）题目　b）正垂面　c）侧垂面　d）侧平面　e）正平面　f）补全俯视图

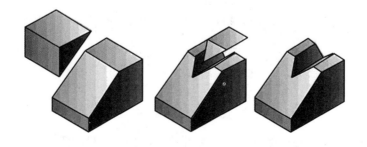

图2-36　形体被一个正垂面和两个侧垂面切割

视图上任何相邻的封闭线框必定是物体上相交的或前后、上下、左右两个面的投影。但这两个面的相对位置究竟如何，必须根据其他视图来分析。

课题二 机械图样的表达方法

一、视图

视图分为基本视图、向视图、局部视图和斜视图四种。

1. 基本视图

为了清晰地表达机件上下、左右、前后六个方向的形状和结构，在 H、V、W 三投影面的基础上，再增加三个基本投影面。这六个基本投影面组成了一个方箱，把机件围在当中，如图 2-37a 所示。机件在每个基本投影面上的投影，称为基本视图。图 2-37b 所示为机件六个基本视图展开的方法。展开后，六个基本视图的视图配置和视图名称如图2-37c所示。

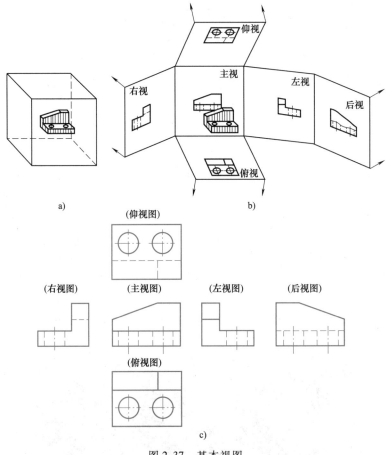

图 2-37 基本视图

六个基本视图之间，仍然保持着与三视图相同的投影规律，即

主、俯、仰、后：长对正。

主、左、右、后：高平齐。

俯、左、仰、右：宽相等。

虽然机件可以用六个基本视图来表示，但实际选择几个视图，要根据表达机件结构的具体需要来确定。

2. 向视图

当基本视图的图形布置受到限制时，为了便于合理地布置视图，可以采用向视图表达法。

向视图是可自由配置的视图。为了便于读图，向视图必须予以标注，方法为：在向视图的上方注写"×"（×为大写的英文字母，如"A"、"B"、"C"等），并在相应视图的附近用箭头指明投影方向，并注写相同的字母，如图 2-38 所示。

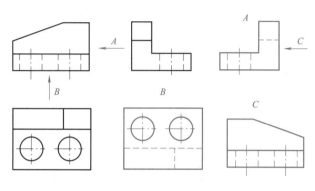

图 2-38　向视图

3. 局部视图

当采用一定数量的基本视图后，机件上仍有部分结构形状尚未表达清楚，而又没有必要再画出完整的其他基本视图时，可采用局部视图来表达。只将机件的某一部分向基本投影面投射所得到的图形称为局部视图。

如图 2-39a 所示的机件，利用主视图和俯视图，已将机件基本部分的形状表达清楚，只有左、右两侧凸台和左侧肋板的厚度尚未表达清楚，此时如果再利用左、右两视图来表达这两部分结构，则显得繁琐和重复。采用 A 和 B 两个局部视图，只画出所需要表达的部分，如图 2-39b 所示。这样重点突出，简单明了，而且有利于画图和看图。

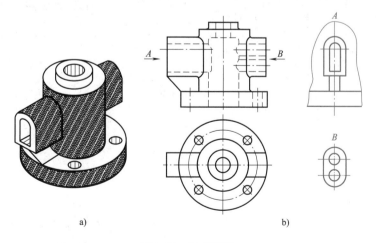

a)　　　　　　　　　　　　　　　　b)

图 2-39　局部视图

4. 斜视图

将机件向不平行于任何基本投影面的投影面进行投射，所得到的视图称为斜视图。斜视图适合于表达机件上倾斜表面的实形。

图 2-40 所示是一个弯板形机件，它的倾斜部分在俯视图和左视图上的投影都不是实形。为了表达倾斜部分的真实形状，可另外设置一个平行于该倾斜部分的辅助投影，在该投影面上的投影则可以反映机件倾斜部分的真实形状，如图 2-40 所示的 "A" 向视图。

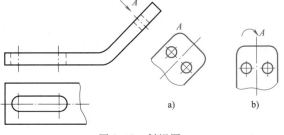

斜视图的标注方法与局部视图相似，当斜视图是按投影关系配置，中间又没有其他视图时，可省略标注，如图 2-40a 所示。斜视图也可以平移到图样内的适当地方，但必须进行标注，如图 2-40b 所示。有时为了画图方便，也可以旋转，但必须在斜视图上方注明旋转标记符号，而且字母须靠近旋转符号箭头，如 ⌒A。

图 2-40　斜视图

画斜视图时增设的辅助投影面只垂直于一个基本投影面。因此，机件上原来平行于基本投影面的一些结构，在斜视图中最好省略不画，以波浪线为边界断开，以避免出现失真的投影。在基本视图中也要注意处理好这类问题，如图 2-40 所示，不用俯视图而用 "A" 向视图，即是一例。

二、剖视图

假想用剖切面剖开机件，将处在观察者与剖切面之间的部分移去，而将其余部分向投影面投射所得的图形，称为剖视图（简称剖视）。剖视图主要用于表达机件内部的结构形状。

如图 2-41b 所示，其主视图是沿前、后对称平面剖切后画出的剖视图。

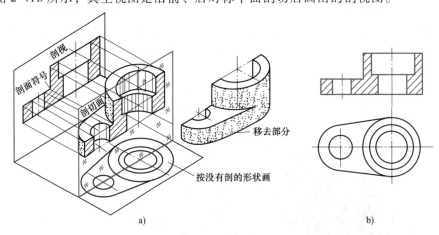

图 2-41　剖视图的形成

a）直观图　b）剖视图

1. 剖视图的画法

（1）确定剖切面的位置　如图 2-41b 所示，选取沿前、后对称平面为剖切面。

（2）画剖视图　移开机件的前半部分，将后半部分向投影面投射，如图 2-41a 所示，画出如图 2-41b 所示的剖视图。

（3）剖面符号 根据国家标准 GB/T 17452—1998 中的规定，剖切面与物体的接触部分，即剖切区域要画出与材料相应的剖面符号，国家规定的不同材料的剖面符号见表 2-6。

表 2-6 剖面符号

金属材料(已有规定剖面符号者除外)		木质胶合板	
线圈绕组元件		基础周围的泥土	
转子、电枢、变压器和电抗器等的叠钢片		混凝土	
非金属材料(已有规定剖面符号者除外)		钢筋混凝土	
型砂、填砂、粉末冶金、砂轮、陶瓷刀片、硬质合金刀片等		砖	
玻璃及供观察用的其他透明材料		格网(筛网、过滤网等)	
木材	纵剖面	液体	
	横剖面		

2. 剖视图的标注

1）用线宽 $(1～1.5)d$、长 $5～10mm$ 断开的粗实线（粗短画线）表示剖切面的起始和转折位置。为了不影响图形清晰，剖切符号中的粗短画线应避免与图形轮廓线相交或重合。

2）在表示剖切平面起始的粗短画线外侧画出与其相垂直的箭头，表示剖切后的投射方向。

3）在表示剖切平面起始和转折位置的粗短画线外侧写上相同的大写拉丁字母 "×"，并在相应剖视图的上方正中位置用同样字母标注出剖视图的名称 "×—×"，字母一律按水平位置书写，字头朝上。

4）被剖切物体的材料用剖面符号在剖切区域表示。

剖视图省略标注有以下两种情况：

1）当剖视图按投影关系配置，中间又没有其他图形隔开时，可省略剖切符号中的箭头，如图 2-41 所示的主视图画成剖视图，$A—A$ 的剖切符号中省略了箭头。

2）用单一剖切平面通过机件的对称平面或基本上对称的平面，且剖视图按投影关系配置，中间又没有其他图形隔开时，可省略标注，如图 2-42 所示的主视图画成的全剖视图省

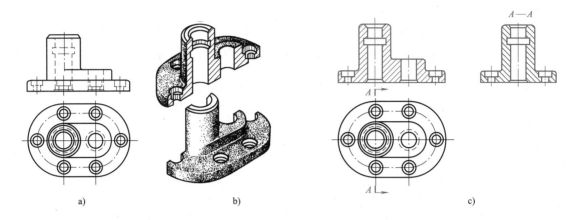

图 2-42　泵盖的剖视图

a）视图　b）直观图　c）剖视图

略了标注。

3. 剖视图的种类

剖视图可分为全剖视图、半剖视图、局部剖视图。

（1）全剖视图　用剖切平面将机件全部剖开后进行投射所得到的剖视图，称为全剖视图（简称全剖视）。如图 2-42c 所示的主视图为全剖视图。

（2）半剖视图　当机件具有对称平面时，以对称中心线为界，在垂直于对称平面的投影面上投射得到的，由半个剖视图和半个视图合并组成的图形称为半剖视图。

半剖视图既充分地表达了机件的内部结构，又保留了机件的外部形状，因此它具有内外兼顾的特点。半剖视图适宜于表达对称的或基本对称的机件，如图 2-43 所示的机件。

半剖视图的标注方法与全剖视图相同。如图 2-43a 所示的机件为前后对称。采用剖切平面通过机件的前后对称平面画出半剖视图作为主视图，不需要标注；而俯视图所采用的剖切平面并非通过机件的对称平面，所以必须标出剖切位置和名称。由于按照投射关系配置，中间又没有其他视图隔开，故箭头可以省略，如图 2-43b 所示。

（3）局部剖视图　将机件局部部位剖开后进行投射得到的剖视图称为局部剖视图。局部剖视图也是在同一视图上同时表达机件内外形状的方法，并且用波浪线作为剖视图与视图的界线。如图 2-44 所示的主视图就采用了局部剖视图表达方法。

局部剖视图是一种比较灵活的表达方法，剖切范围根据实际需要决定。但使用时要考虑到看图方便，剖切不要过于零碎。

局部剖视图的标注方法和全剖视相同。当局部剖视图的剖切位置非常明显，则可不标注。

三、断面图

假想用剖切平面将机件在某处切断，只画出断面形状的投影，并画上规定的剖面符号的图形，称为断面图，简称为断面，如图 2-45b 所示。

断面图与剖视图的区别在于：断面图仅画出机件断面的图形，而剖视图则要画出剖切平面后面的所有部分的投影，如图 2-45c 所示。

断面图主要用于表达机件某一部位断面的形状，如机件上的肋板、轮辐、键槽及型材的断面等。

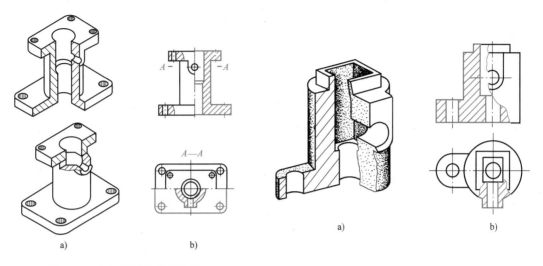

图 2-43　半剖视图及其标注图　　　　　　　　图 2-44　局部剖视图

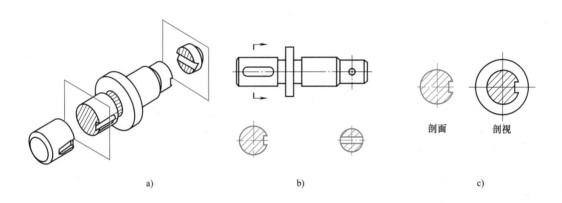

图 2-45　断面图的画法

断面图根据画在图上的位置不同，可分为移出断面图和重合断面图两种。

（1）移出断面图　画在视图轮廓之外的断面图称为移出断面图。图 2-46 所示断面图为移出断面。移出断面图由于画在视图之外，能保证图形清晰。

移出断面图的标注与剖视图基本相同，一般也用剖切符号表示剖切平面剖切位置，箭头表示剖切后的投射方向，标注方法参考见表 2-7。

（2）重合断面图　画在视图轮廓之内的断面图称为重合断面图。图 2-47 所示的断面图即为重合断面图。

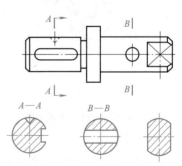

图 2-46　移出断面图的画法

为了使图形清晰，避免与视图中的线条混淆，重合断面图的轮廓线用细实线画出。当重合断面图的轮廓线与视图的轮廓线重合时，仍按视图的轮廓线画出，不应中断，如图 2-47d 所示。重合断面图是直接画在视图内剖切位置上，不必标注。

表 2-7　移出断面图的标注

断 面 位 置	对称的移出断面图	不对称的移出断面图
配置在剖切线或剖切符号延长线上	不标字母和剖切符号	标注剖切符号和投射方向箭头
配置在剖切线或剖切符号延长线之外	标注剖切符号和字母	标注剖切符号和字母 标注剖切符号和投射方向箭头

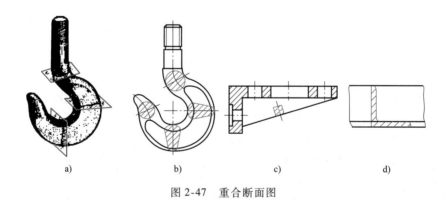

图 2-47　重合断面图

四、螺纹及螺纹紧固件

1. 外螺纹的画法

外螺纹的画法如图 2-48 所示。外螺纹大径用粗实线表示，小径用细实线表示，螺杆的倒角和倒圆部分也要画出，小径可近似地画成大径的 0.85 倍，螺纹终止线用粗实线表示。在投影为圆的视图上，表示牙底的细实线只画约 3/4 圈，螺杆端面的倒角圆省略不画。

2. 内螺纹的画法

一般以剖视图表示内螺纹。此时，大径用细实线表示，小径和螺纹终止线用粗实线表

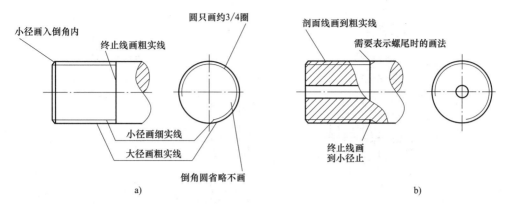

图 2-48　外螺纹的画法

示，剖面线画到粗实线处。在投影为圆的视图上，小径画粗实线，大径用细实线只画约 3/4 圈。对于不穿通的螺孔，应将钻孔深度和螺孔深度分别画出，钻孔深度比螺孔深度深 $0.5d$。底部的锥顶角应画成 120°，如图 2-49 所示。

内螺纹不剖时，在非圆视图上其大径和小径均用虚线表示。

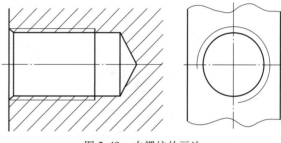

图 2-49　内螺纹的画法

3. 螺纹联接的画法

以剖视图表示内外螺纹联接时，旋合部分按外螺纹的画法绘制，即大径画成粗实线，小径画成细实线。其余部分仍按各自的规定画法绘制，如图 2-50 所示。在剖视图上，剖面线均应画到粗实线。

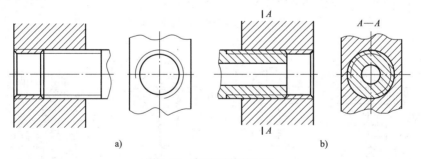

图 2-50　螺纹联接的画法

4. 螺纹紧固件联接的画法

（1）螺栓联接　螺栓联接适用于联接两个不太厚的零件。螺栓穿过两被联接件上的通孔，加上垫圈，拧紧螺母，就将两个零件联接在一起。螺栓联接的比例画法如图 2-51 所示。

（2）双头螺柱联接　双头螺柱联接常用于被联接件有一个太厚而不能加工成通孔的情况。双头螺柱联接的比例画法如图 2-52 所示。

（3）螺钉联接　螺钉联接一般用于受力不大而又不经常拆卸的地方。被联接的零件中一个为通孔，另一个为不通孔的螺纹孔。螺纹孔深度和旋入深度的确定与双头螺柱联接基本一致。螺钉头部的形式很多，应按规定画出。螺钉联接的比例画法如图 2-53 所示。

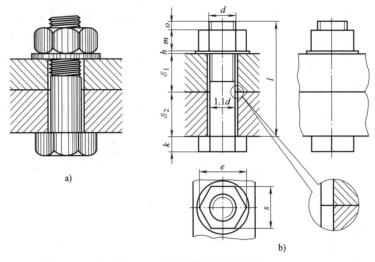

图 2-51　螺栓联接的比例画法

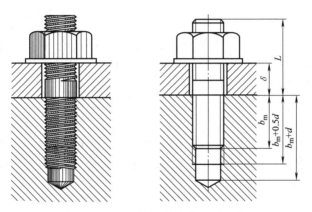

图 2-52　双头螺柱联接的比例画法

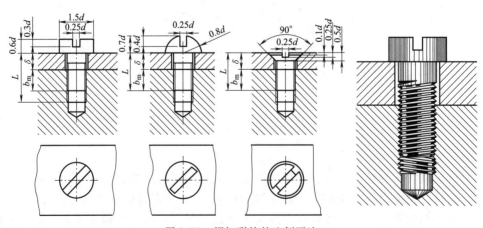

图 2-53　螺钉联接的比例画法

五、齿轮

1. 齿轮传动的类型

常见的齿轮传动形式有三种，如图 2-54 所示。

a)　　　　　　　　　b)　　　　　　　　　c)

图 2-54　常见的齿轮传动

a) 圆柱齿轮　b) 锥齿轮　c) 蜗杆与蜗轮

齿轮轮齿的齿廓曲线有渐开线、摆线或圆弧等形式。轮齿的方向有直齿、斜齿、人字齿和弧形齿。

齿轮有标准齿轮和非标准齿轮之分，这里主要介绍标准直齿圆柱齿轮的几何要素和画法。

2. 直齿圆柱齿轮各几何要素

（1）直齿圆柱齿轮各部分名称及代号（图 2-55）

1）分度圆直径（d）。在齿顶圆与齿根圆之间，使齿厚（s）与槽宽（e）的弧长相等的圆称为分度圆，其直径以 d 表示。

2）齿距（p）和齿厚（s）。分度圆上相邻两齿对应点之间的弧长，称为分度圆齿距，以 p 表示，两啮合齿轮的齿距应相等；每个轮齿齿廓在分度圆上的弧长，称为分度圆齿厚，以 s 表示；相邻轮齿之间的齿槽在分度圆上的弧长，称为槽宽，用 e 表示。在标准齿轮中，$s = e$，$p = s + e$，$s = e = p/2$。

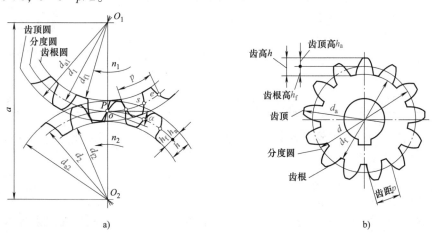

a)　　　　　　　　　　　　　　　　b)

图 2-55　直齿圆柱轮各部分名称及代号

a) 啮合图　b) 投影图

3）模数（m）。以 z 表示齿轮的齿数，则分度圆周长 $= \pi d = zp$，所以 $d = zp/\pi$。令 $m = p/\pi$，则 $d = mz$。

模数 m 是设计、制造齿轮的重要参数。模数大，则齿距 p 也大，随之齿厚 s、齿高 h 也大，因而齿轮的承载能力也增大。

不同模数的齿轮要用不同模数的刀具来加工制造，为了便于设计和加工，模数的数值已系列化，其数值见表 2-8。

表 2-8　齿轮模数系列

第一系列	1　　1.25　　1.5　　2　　2.5　　3　　4　　5　　6　　8　　10　　12　　16　　20　　25 32　　40　　50
第二系列	1.75　2.25　2.75　（3.25）　3.5　（3.75）　4.5　5.5　（6.5）　7　9　（11）　14　18　22　28 36　45

注：选用模数时，应优先选用第一系列，其次选用第二系列；括号内的模数尽可能不用。本表未摘录小于 1 的模数。

4）压力角。在齿轮分度圆上，齿廓曲线的公法线（齿廓的受力方向）与该点的运动方向之间所夹的锐角称为分度圆压力角，以 α 表示，我国采用的压力角一般为 20°。

5）中心距（a）。两圆柱齿轮轴线之间的最短距离称为中心距，即

$$a = \frac{(d_1 + d_2)}{2} = \frac{m(z_1 + z_2)}{2}$$

（2）直齿圆柱齿轮几何要素的名称、代号及计算　通过圆柱齿轮轮齿顶部的圆称为齿顶圆，其直径用 d_a 表示；通过圆柱齿轮齿根部的圆称为齿根圆，直径用 d_f 表示。齿顶圆 d_a 与分度圆 d 之间的径向距离称为齿顶高，用 h_a 来表示；齿根圆 d_f 与分度圆 d 之间的径向距离称为齿根高，用 h_f 表示；齿顶高与齿根高之和称为齿全高，以 h 表示，即齿顶圆与齿根圆之间的径向距离。以上所述的几何要素均与模数 m 有关，其计算公式见表 2-9。

表 2-9　直齿圆柱齿轮各几何要素的名称、代号及计算公式

名　称	代　号	计　算　公　式
齿顶高	h_a	$h_a = m$
齿根高	h_f	$h_f = 1.25m$
齿高	h	$h = 2.25m$
分度圆直径	d	$d = mz$
齿顶圆直径	d_a	$d_a = m(z + 2)$
齿根圆直径	d_f	$d_f = m(z - 2.5)$

从表中可知，如已知齿轮的模数 m 和齿数 z，按表所示公式可以计算出各几何要素的尺寸，绘制出齿轮的图形。

3. 直齿圆柱齿轮的规定画法

（1）单个圆柱齿轮的画法

1）根据 GB/T 4459.2—2003 规定，表达齿轮的图样，一般用两个视图来表达齿轮的结构形状，如图 2-56a 所示。也可采用剖视表示如图 2-56b 所示。

2）在表达外形的视图中，齿顶圆和齿顶线用粗实线绘制；分度圆和分度线用点画线绘制，齿根圆用细实线绘制（也可省略不画），而齿根线在外形视图中用细实线绘制（也可省略不画），在剖视图中则用粗实线绘制。齿轮其他结构按常规画法绘制。

3）在剖视图中，当剖切平面通过齿轮轴线时，轮齿一律按不剖绘制，如图 2-56b、c、d 所示。对于斜齿圆柱齿轮和人字齿圆柱齿轮，其轮齿用三条倾斜平行的细实线画出，如图 2-56c、d 所示。

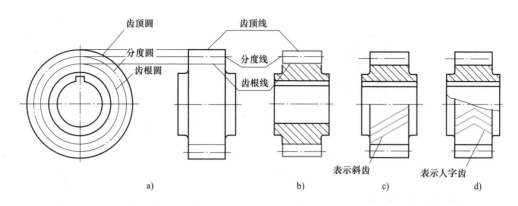

图 2-56　圆柱齿轮的画法

a)、b) 直齿　c) 斜齿　d) 人字齿

（2）一对相互啮合的圆柱齿轮的画法　在平行于圆柱齿轮轴线的投影面上的全剖视图中，啮合区的一个齿轮的轮齿用粗实线绘制，另一个齿轮轮齿的齿顶被遮住，应画虚线。在平行于圆柱齿轮轴线的投影面上的外形视图中，啮合区不画齿顶线，只用粗实线画出节线，如图 2-57 所示。

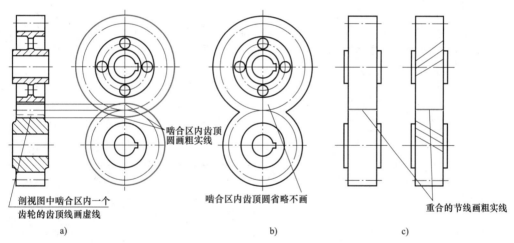

图 2-57　齿轮的啮合画法

a) 规定画法　b) 省略画法　c) 外形画法（直齿与斜齿）

（3）齿轮与齿条啮合的画法　当齿轮的直径无限增大时，齿轮的齿顶圆、分度圆、齿根圆和轮齿的齿廓曲线的曲率半径也无限增大而成为直线，齿轮变形为齿条。齿轮与齿条的啮合画法按相互啮合圆柱齿轮的规定画法处理，如图 2-58 所示。

（4）圆柱齿轮的零件图　图 2-59 所示是圆柱齿轮的零件图，用两个视图表达齿轮的结构形状：主视图画成全剖视图，局部视图表达齿轮的轮孔。

六、键与销

1. 键

键是标准件，它是用来联接轴与轴上的零件（如齿轮、带轮）实现周向固定且传递动力和转矩的，如图 2-60 所示。应用较广的键有普通平键和半圆键。表 2-10 列出了它们的形

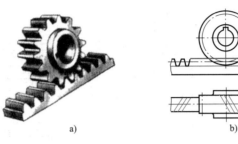

a)   b)

图 2-58　齿轮与齿条啮合的画法

a）轴测图　b）规定画法

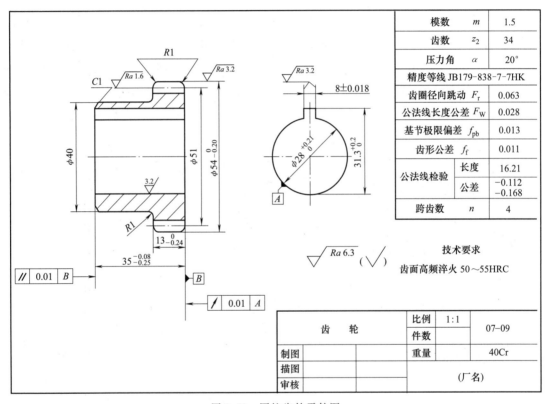

模数	m	1.5
齿数	z_2	34
压力角	α	20°
精度等线 JB179-838-7-7HK		
齿圈径向跳动 F_r		0.063
公法线长度公差 F_W		0.028
基节极限偏差 f_{pb}		0.013
齿形公差 f_f		0.011
公法线检验	长度	16.21
	公差	-0.112 -0.168
跨齿数	n	4

技术要求

齿面高频淬火 50～55HRC

齿　　轮		比例	1:1	07-09
		件数		
制图		重量		40Cr
描图			（厂名）	
审核				

图 2-59　圆柱齿轮零件图

式及规定标记。

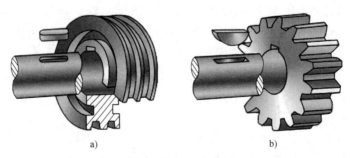

a)   b)

图 2-60　键联接

表 2-10　常用键的形式和规定标记

名　　称	实　　物	图　　例	规 定 标 记
普通平键			GB/T 1096 键 $b \times h \times L$
半圆键			GB/T 1099 键 $b \times h \times D$
钩头楔键			GB/T 1565 键 $b \times L$

普通平键还分为 A、B、C 三种形式。有关参数可查阅相关国家标准。

键联接的画法如图 2-61、图 2-62 所示。键槽的画法如图 2-63 所示。

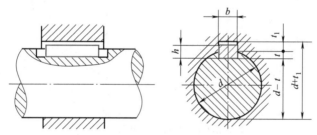

图 2-61　平键联接的画法

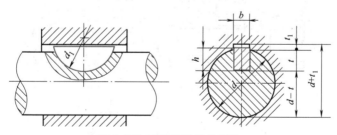

图 2-62　半圆键联接的画法

2. 销

销也是常用的标准件，在机器中用来联接和固定零件，或在装配时作定位用。常用的销有圆柱销、圆锥销和开口销，如图 2-64 所示。销的联接画法如图 2-65 所示。

开口销常与六角开槽螺母配合使用，它穿过螺母上的槽和螺杆上的孔以防止螺母松动，如图 2-66 所示。

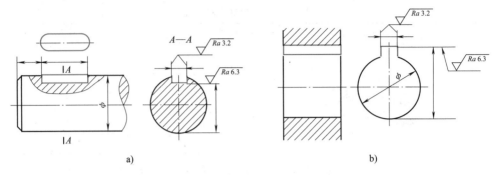

图 2-63　键槽的画法

a) 轴上的键槽　b) 轮毂上的键槽

图 2-64　常用的销

a) 圆柱销　b) 圆锥销　c) 开口销

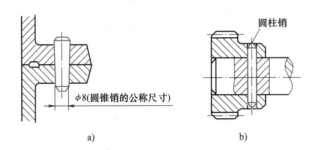

图 2-65　销联接的画法

a) 圆锥销联接图画法　b) 圆柱销联接图画法

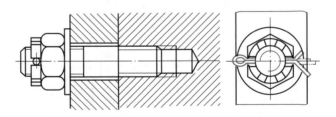

图 2-66　开口销联接的画法

课题三　零件图的识读

一、机械图样中的技术要求

1. 表面结构

零件加工表面上由较小间距的峰和谷所组成的微观几何形状特征称为表面结构参数。一般来说，不同的表面结构参数是由不同的加工方法形成的。表面结构参数是评定零件表面质量的一项重要的指标。零件表面结构参数的选择原则是：在满足零件使用功能的前提下，表面结构参数允许值尽可能大一些。

（1）表面结构的评定参数 表面结构是以参数值的大小来评定的，目前在生产中评定零件表面结构的常用两个参数是：

1）轮廓算术平均偏差（Ra）。它是在取样长度 L 内，轮廓偏距 y 绝对值的算术平均值。

2）轮廓最大高度（Rz）。它是在取样长度 L 内，轮廓峰顶线与峰谷底线之间的距离。

其中，轮廓算术平均偏差（Ra）是目前生产中评定零件表面结构的最主要参数。Ra 值越小，表面质量要求越高，零件表面越光滑，但加工成本也越高。常用 Ra 值有：25μm、12.5μm、6.3μm、3.2μm、1.6μm、0.8μm。

（2）表面结构的符号及其含义 零件表面结构的符号及含义见表 2-11。

表 2-11 表面结构的符号及含义

序号	符号		含义
1	表面结构的图形符号	✓	基本图形符号，未指定工艺方法的表面，当通过一个注释解释时可单独使用，如：大多数表面有相同表面结构要求的简化注法
		✓	扩展图形符号，用去除材料方法获得的表面；仅当其含义是"被加工表面"时可单独使用，如：车、铣、钻、磨、剪切、腐蚀、电加工、气割等
		✓	扩展图形符号，不去除材料的表面，也可用于表示保持上道工序形成的表面，不管这种状况是通过去除材料或不去除材料形成的，如铸、锻、冲压变形等
2	带补充注释的（带长边横线）的图形符号	铣 ✓	加工方法：铣削
		✓ M	表面纹理：纹理呈多方向
		✓	对投影视图上封闭的轮廓线所表示的各表面有相同的表面结构要求
		3 ✓	加工余量为 3mm

（3）表面结构在图样上的标注

表面结构标注方法，如图 2-67、图 2-68 和图 2-69 所示。

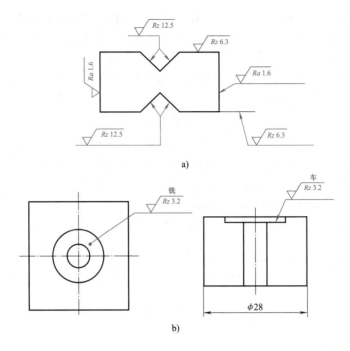

图 2-67　表面结构标注一

a）标注在轮廓线上及注写方向　b）标注在指引线上

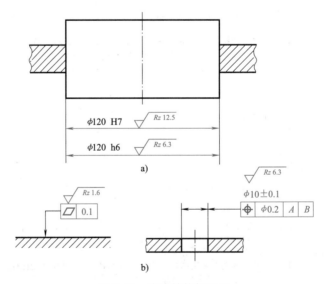

图 2-68　表面结构标注二

a）标注在尺寸线上　b）标注在形位公差框格上

2. 极限与配合

（1）尺寸公差　以孔为例，将有关尺寸公差的术语及定义介绍如下：

1）基本尺寸。设计给定的尺寸，如图 2-70a 所示的尺寸 L、图 2-70b 所示的 $\phi50\text{mm}$。

通过基本尺寸及上、下偏差可算出极限尺寸。基本尺寸可以是一个整数值或一个小数值。图中剖面符号较密的部分表示尺寸允许的变动量，称为公差带。

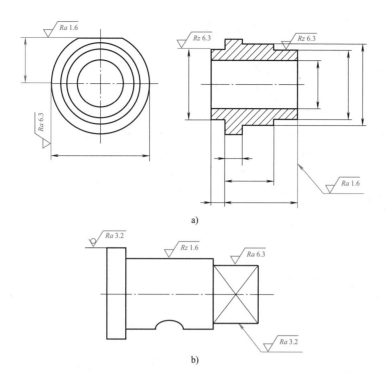

图 2-69 表面结构标注三

a）标注在圆柱特征的延长线上 b）圆柱和棱柱的标注

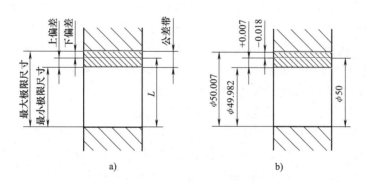

图 2-70 基本尺寸和极限尺寸

2）实际尺寸。通过实际测量所得的尺寸。由于存在测量误差，实际尺寸并非被测尺寸的真实值。

① 最大极限尺寸：两个界限值中较大的一个，如图 2-70b 所示的尺寸 ϕ50.007mm。

② 最小极限尺寸：两个界限值中较小的一个，如图 2-70b 所示的尺寸 ϕ49.982mm。

3）尺寸偏差（简称偏差）。某一尺寸减其基本尺寸所得的代数差。偏差数值可以是正值、负值和零。

① 上偏差（孔用 ES、轴用 es 表示）：最大极限尺寸减其基本尺寸所得的代数差，如图 2-70b 所示，孔的上偏差为 ES = 50.007mm – 50mm = +0.007mm。

② 下偏差（孔用 EI、轴用 ei 表示）：最小极限尺寸减其基本尺寸所得的代数差。如图 2-70b 所示，孔的下偏差 EI = 49.982mm − 50mm = − 0.018mm。

实际尺寸减去基本尺寸所得的代数差称为实际偏差。实际偏差应在上、下偏差所决定的区间内，才算合格。上、下偏差统称为极限偏差。极限偏差可以为正、负或零值。

4）尺寸公差（简称公差）。允许尺寸的变动量。公差等于最大极限尺寸与最小极限尺寸之差，也等于上偏差与下偏差之差，是一个没有符号的绝对值，如图 2-70b 所示，公差 = 50.007mm − 49.982mm = 0.007mm − (− 0.018mm) = 0.025mm。

5）公差带。在公差带图解中，由代表上偏差和下偏差或最大极限尺寸和最小极限尺寸的两条直线所限定的一个区域，在公差带图中，确定偏差的一条基准直线，即零偏差线。通常零线表示基本尺寸。

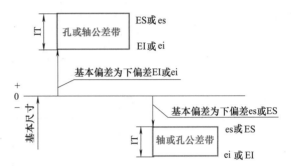

图 2-71 公差带大小及位置

（2）标准公差与基本偏差 公差带由"公差带大小"和"公差带位置"这两个要素组成。"公差带大小"由标准公差确定，"公差带位置"由基本偏差确定，如图 2-71 所示。

1）标准公差的等级、代号及数值。根据尺寸制造的精度程度，将标准公差的等级分为 20 级，分别用 IT01、IT0、IT1、…、IT18 表示。IT 表示标准公差，数字表示公差等级。由 IT01 至 IT18，公差等级依次降低，即尺寸的精确程度依次降低，而公差数值则依次增大。标准公差数值可以查阅相关手册，它的大小与基本尺寸分段及公差等级有关。

2）基本偏差代号及系列。基本偏差是指尺寸的两个极限（上偏差或下偏差）中靠近零线的一个，它用来确定公差带相对于零线的位置，如图 2-71 所示。当公差带在零线的上方时，基本偏差为下偏差；反之，基本偏差为上偏差。如图 2-72 所示，基本偏差共有 28 个，它的代号用拉丁字母表示，大写表示孔，小写表示轴。

从图中可以看出，轴的基本偏差中：从 a 到 h 为上偏差 es，而且是负值（h 为零），其绝对值依次减小。js 的公差带对称于零线，故基本偏差可为上偏差（es = + IT/2）或下偏差（ei = − IT/2）。从 j 到 zc，基本偏差为下偏差 ei。其中 j 是负值，而 k 至 zc 为正值，其绝对值依次加大。

根据孔、轴的基本偏差和标准公差，就可计算出孔、轴的另一个偏差。

对于孔，其另一个偏差为：ES = EI + IT 或 EI = ES − IT。

对于轴，其另一个偏差为：es = ei + IT 或 ei = es − IT。

（3）变色 基本尺寸相同的、互相配合的孔和轴公差带之间的关系称为配合。孔和轴配合时，由于它们的实际尺寸不同，将产生间隙或过盈。

孔的尺寸减去相配合的轴的尺寸所得的代数差为正时是间隙，为负时是过盈，如图 2-73 所示。

根据孔、轴公差带相对位置的不同，或按配合零件的结合面形成间隙或过盈的不同，配合分为三类：

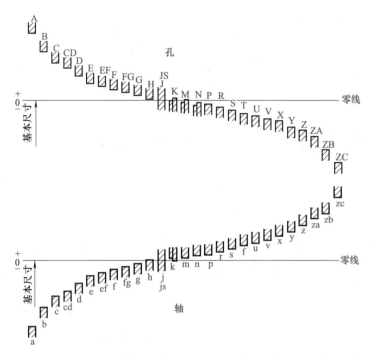

图 2-72　基本偏差系列

1）间隙配合。具有间隙（包括最小间隙为零）的配合，此时孔的公差带在轴的公差带之上，如图 2-74a 所示。

最大间隙：孔的最大极限尺寸减轴的最小极限尺寸所得的代数差。

最小间隙：孔的最小极限尺寸减轴的最大极限尺寸所得的代数差。

2）过盈配合。具有过盈（包括最小过盈为零）的配合，

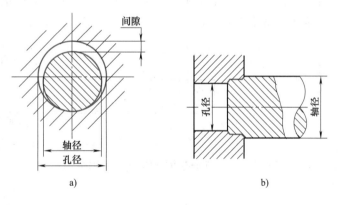

图 2-73　间隙和过盈

a）间隙　b）过盈

此时孔的公差带在轴的公差带之下，如图 2-74c 所示。

最大过盈：孔的最小极限尺寸减轴的最大极限尺寸所得的代数差。

最小过盈：孔的最大极限尺寸减轴的最小极限尺寸所得的代数差。

3）过渡配合：可能具有间隙或过盈的配合。此时孔的公差带与轴的公差带相互交叠，如图 2-74b 所示。对过渡配合，一般只计算最大间隙和最大过盈。

在规定具有过渡配合性质的一批零件的公差时，虽然允许得到间隙或过盈的配合，但对已装配好的一对具体零件，则只能得到一种结果，即为间隙或过盈。

为了得到不同性质的配合，可以同时改变两配合零件的极限尺寸，也可以将一个零

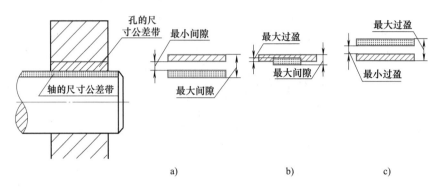

图 2-74　配合的类别

a）间隙配合　b）过渡配合　c）过盈配合

件的极限尺寸保持不变，只改变另一配合零件的极限尺寸，以达到要求的配合性质。为了获得最大的技术经济效果，相关国家标准中规定了两种体制的配合系列——基孔制和基轴制。

1）基孔制。基本偏差为一定的孔的公差带，与不同基本偏差的轴的公差带形成各种配合的一种制度。在基孔制中，孔为基准孔，根据国家标准规定，基准孔的代号用大写字母"H"表示，其下偏差（EI）为零，如图 2-75a 所示。

2）基轴制。基本偏差为一定的轴的公差带，与不同基本偏差的孔的公差带形成各种配合的一种制度。在基轴制中，轴为基准轴，根据国家标准规定，基准轴的代号用小写字母"h"表示，其上偏差（es）为零，如图 2-75b 所示。

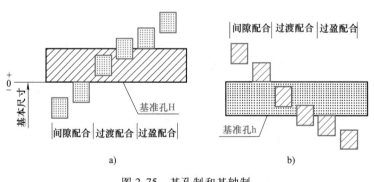

图 2-75　基孔制和基轴制

a）基孔制　b）基轴制

3. 几何公差

如果零件存在严重的几何误差，将给其装配造成困难，影响机器的质量，因此，对于精度要求较高的零件，除给出尺寸公差外，还应根据设计要求，合理地确定出几何误差的最大允许值，如图 2-76b 所示的 $\phi 0.08$mm（即销轴轴线必须位于直径为公差值 $\phi 0.08$mm 的圆柱面内，如图 2-76a 所示）、如图 2-77b 所示的 0.1mm（即上表面必须位于距离为公差值 0.1mm 且平行于基准表面 A 的两平行平面之间，如图 2-77a 所示）。

（1）几何公差的代号　国家标准中对几何公差的特征项目、术语、代号、数值、标注方法等都作了规定。

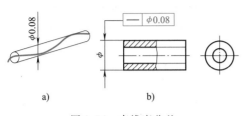

图 2-76　直线度公差

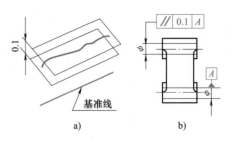

图 2-77　平行度公差

几何公差的分类、符号及有无基准和几何公差的附加符号分别见表 2-12、图 2-13。

表 2-12　几何公差的分类、符号及有无基准

公差类型	几何特征	符　　号	有 无 基 准
形状公差	直线度	——	无
	平面度	▱	无
	圆度	○	无
	圆柱度	⌀	无
	线轮廓度	⌒	无
	面轮廓度	◠	无
方向公差	平行度	//	有
	垂直度	⊥	有
	倾斜度	∠	有
	线轮廓度	⌒	有
	面轮廓度	◠	有
位置公差	位置度	⊕	有或无
	同轴度（用于中心点）	◎	有
	同轴度（用于轴线）	◎	有
	对称度	═	有
	线轮廓度	⌒	有
	面轮廓度	◠	有
跳动公差	圆跳动	↗	有
	全跳动	⟋⟋	有

注：国家标准规定项目特征符号线型为 $h/10$，符号高度为 h（同字高），其中，平面度、圆柱度、平行度、跳动等符号的倾斜角度为 75°。

表 2-13　几何公差的附加符号

说　明	符　号
被测要素	
基准要素	
基准目标	$\frac{\phi 2}{A1}$
理论正确尺寸	50
延伸公差带	Ⓟ
最大实体要求	Ⓜ
最小实体要求	Ⓛ
自由状态条件(非刚性零件)	Ⓕ
全周(轮廓)	
包容要求	Ⓔ
公共公差带	CZ
小径	LD
大径	MD
中径、节径	PD
线素	LE
不凸起	NC
任意横截面	AC3

注：1. GB/T 1182—1996 中规定的基准符号为 Ⓐ。

　　2. 如需标注可逆要求，可采用符号 Ⓡ，见 GB/T 16671。

（2）几何公差的标注　如图 2-78 所示给出了几何公差的框格形式。用带箭头的指引线将被测要素与公差框格一端相连。具体标注方法主要有以下几种：

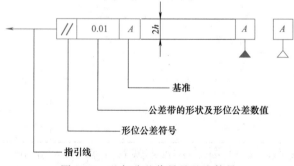

图 2-78　几何公差代号及基准符号

1）被测要素或基准要素为轮廓要素时的标注如图 2-79 所示。

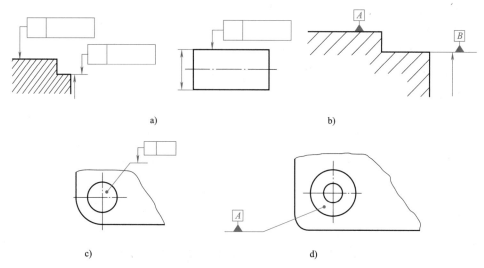

图 2-79　被测要素或基准要素为轮廓要素时的标注

a）被测要素为轮廓要素的标注　　b）基准要素为轮廓要素的标注

c）被测要素的投影为面的标注　　d）基准要素的投影为面的标注

2）被测要素或基准要素为中心要素时的标注如图 2-80 所示。

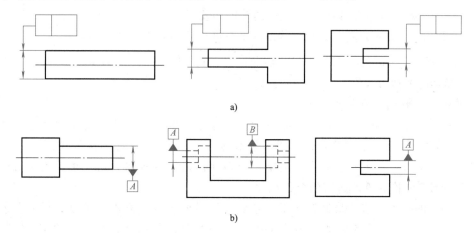

图 2-80　被测要素或基准要素为中心要素时的标注

a）被测要素为中心要素的标注　　b）基准要素为中心要素的标注

3）被测要素或基准要素为局部要素时的标注如图 2-81 所示。

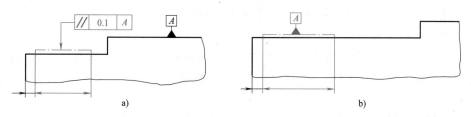

图 2-81　限定被测要素或基准要素的范围

a）仅对要素的某一部分给定几何公差要求　　b）以要素的某一部分为基准

4）任选基准的标注。当基准要素与被测要素相似而不易分辨时，通常任选基准，其标注方法如图 2-82 所示。

几何公差还有其他一些特殊规定的标注方法，可查阅相关国家标准，以下将用一个具体实例解释几何公差的含义，如图 2-83 所示。

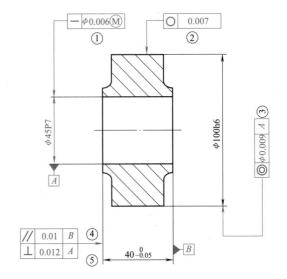

图 2-83　圆盘的几何公差

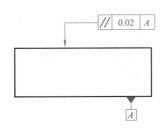

图 2-82　任选基准的标准

① 孔 ϕ45P7 轴线的直线度误差不得大于 0.06mm，Ⓜ代表最大实体要求。

② 轴 ϕ100h6 任意正截面圆度误差不得大于 0.007mm。

③ 轴 ϕ100h6 轴线对孔 ϕ45P7 轴线的同轴度误差不得大于 0.009mm。

④ 尺寸 $40_{-0.05}^{0}$mm 的左端面对右端面的平行度误差不得大于 0.01mm。

⑤ 尺寸 $40_{-0.05}^{0}$mm 的左端面对孔的轴垂直度误差不得大于 0.012mm。

二、零件的表达方式

1. 零件图一般包含的内容

（1）一组视图　用一组图形（包括各种表达方法）准确、清楚和简便地表达出零件的结构形状。如图 2-84 所示的泵盖，用四个基本视图表达了该零件的结构形状。

（2）完整的尺寸　正确、齐全、清晰、合理地标出零件各部分的大小及其相对位置尺寸，即提供制造和检验零件所需的全部尺寸。

（3）必要的技术要求　将制造零件应达到的质量要求（如表面粗糙度、尺寸公差、几何公差、材料、热处理及表面镀、热处理等），用一些规定的代（符）号、数字、字母或文字，准确、简明地表示出来。技术要求有用代（符）号标在图中的，也有用文字注写在标题栏上方的。

（4）填写完整的标题栏　标题栏在图样的右下角，应按标准格式画出，用以填写零件的名称、材料、图样的编号、比例及设计、审核、批准人员的签名、日期等。

2. 零件视图的选择

零件的视图选择，应在考虑便于作图和看图的前提下，保证一组零件的结构形状完整，可以被清晰地表达出来，并力求绘图简便。零件的视图选择（或者说表达方案的确定）可以从以下两个方面着手。

（1）主视图的选择　一般情况下，主视图是表达零件结构形状的一组图形中最主要的视图，而且画图和看图也通常先从主视图开始。主视图的选择是否合理，直接影响到其他视

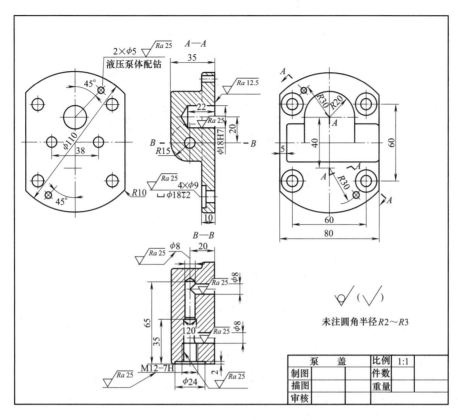

图 2-84 齿轮泵泵盖零件图

图的选择、配置和看图、画图是否方便，甚至也影响到图幅能否合理利用。因此，应首先选好主视图。

如图 2-85 所示的尾座体，按 A 投射方向与按 B 投射方向所得到的视图相比较，A 投射方向反映的信息量大，形状特征明显。因此，应以 A 投射方向所得到的视图作为主视图，这就是大信息量原则。

如图 2-86b 所示的轴的主视图，其安放方位符合如图 2-86a 所示在车床上的加工位置。如图 2-86c 所示的尾座体的主视图符合它在车床上的安装（工作）位置。这就是加工位置原则。

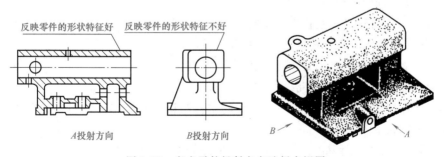

图 2-85 考虑零件投射方向选择主视图

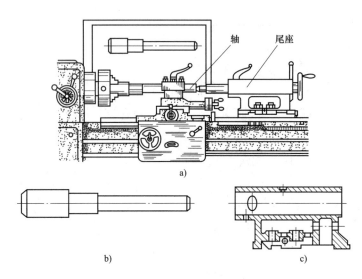

图 2-86　考虑零件安放位置选择主视图

（2）其他视图　主视图确定后，应根据零件结构形状的复杂程度，由主视图是否已表达完整和清楚，来决定是否需要及需要多少其他视图以弥补表达的不足。

视图使用的数量与选用的表达方法有关，所选各视图都应有明确的表达目的。零件的主体形状应采用基本视图表达，即优先选用基本视图。局部形状如不便在基本视图上兼顾表达，可另选用其他视图（如向视图、局部视图、断面图等）。一个好的表达方案往往在完整、清晰表达物体的前提下，视图数量最少。

零件结构上不可见的轮廓在视图中用虚线表示，这会增加看图的难度，所以应尽量少用虚线。可采用局部视图、向视图、剖视图或断面图等表达方法来减少虚线的使用，但会增加视图的个数。适当少量使用虚线，又可以减少视图数量，两者之间的矛盾应在对具体零件表达的分析中权衡、解决。

零件在同一投射方向中的内外结构形状，一般可在同一视图（剖视图）上兼顾表达，可避免细节重复。当不便在同一视图上表达时（如内外结构形状投影发生层次重叠），也可另用其他视图表达。对细节表达重复的视图应舍去，力求表达简练，不出现多余视图。

三、读零件图

（1）零件图识读的一般步骤

1）概括了解。首先从标题栏中了解零件的名称、材料、数量等，然后通过装配图或其他途径，了解零件的作用和与其他零件的装配关系。

2）分析视图，想象形状。具体过程如下：

① 弄清各视图之间的投影关系。

② 以形体分析法为主，结合零件上常见的结构知识，看懂零件各部分的形状，然后综合想象出整个零件的形状。

3）分析尺寸。分析尺寸基准，了解零件各部分的定形、定位尺寸和总体尺寸。

4）了解技术要求。读懂视图中各项技术要求，如表面结构、极限与配合、几何公差等内容。

（2）零件图的识读实例 图 2-87 所示为柱塞泵泵体零件图。读图的基本方法是形体分析法，先看主要部分，后看次要部分；先看整体，后看细节；先看易懂的部分，后看难懂的部分。还可根据尺寸及功用判断、想象形体。分析如图 2-87 所示的各视图可知，泵体零件由泵体和两块安装板组成。

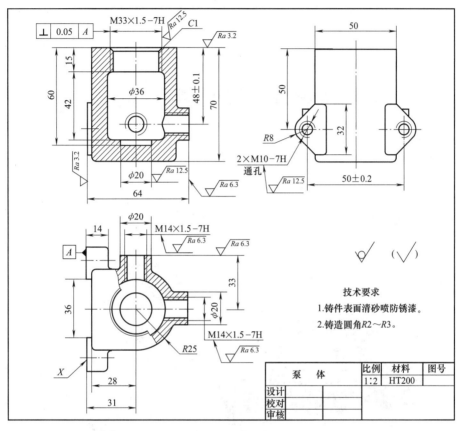

图 2-87 泵体零件图

1）泵体部分。其外形为左面方形右面半圆柱形状；内腔为圆柱形，容纳柱塞泵的柱塞等零件；后面和右面各有一个圆柱形的凸台，分别为进、出油孔与内腔相通。

2）安装板部分。从左视图和俯视图可知，在柱塞泵的左边有两块三角形安装板，其上有螺纹孔。

3）两个圆柱形的进出油口分别位于泵体的右边和后边。

通过以上分析，可以想象出泵体的整体形状，如图 2-88 所示。

4）分析尺寸和技术要求。如图 2-87 所示，从俯视图的尺寸 31mm 和 14mm 可知长度方向的尺寸基准是安装板的左端面；从主视图的尺寸 70mm 和（48±0.1）mm 可知高度方向的尺寸基准是泵体上表面；从俯视图的尺寸

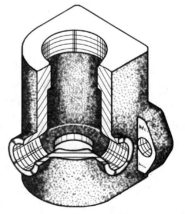

图 2-88 泵体整体形状

33mm 和左视图的尺寸（60±0.2）mm 可知宽度方向的尺寸基准是泵体的前后对称面。进出油孔的中心高（47±0.1）mm 和安装板两螺孔的中心距（60±0.2）mm 的要求比较高，加工时必须保证。

分析表面粗糙度时，要注意与尺寸的关系。还应了解零件制造、加工时的某些特殊要求。两螺纹孔端面及顶面等处的表面为零件的结合面，为防止漏油，表面粗糙度要求较高。

课题四　装配图的识读

一、装配图的内容

1. 装配图的用途

如图 2-89 所示的滑动轴承，它由标准件（油杯、螺栓、螺母）和专用件（轴承座、上轴衬、下轴衬、轴衬固定套、轴承盖）等零件装配而成。

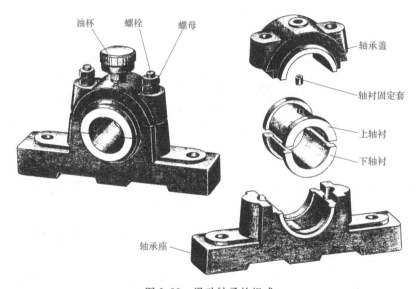

图 2-89　滑动轴承的组成

表示机器或部件（统称装配体）及其组成部分的装配与连接关系的图样，称为装配图。表示一台完整机器的图样称为总装配图，表示一个部件的装配图称为部件装配图。

1）在进行产品设计或产品测绘时，为了确定各零件的结构、形状、相对位置、工作原理、连接方式和传动路线等，一般要求画出装配图，以便在图上判别、校对各零件的结构是否合理，装配关系是否正确、可行等。如图 2-90 所示，这类装配图要求把各零件的结构、形状尽可能表达完整，基本上能根据它画出各零件的零件图。

2）将加工好的零件组装成部件或产品，一般也要在装配图的指导下完成。这种装配图着重表明各零件之间的相互位置及装配关系，而对每个零件的结构及与装配无关的尺寸则没有特别的要求。不论哪一种装配图，都是生产中的重要技术文件。

2. 装配图的内容

如图 2-90 所示的千斤顶装配图包括下列内容：

（1）一组视图　用来表达装配体的结构、形状及装配关系。

（2）必要的尺寸　表明装配体规格及装配、检验、安装时所需的尺寸。

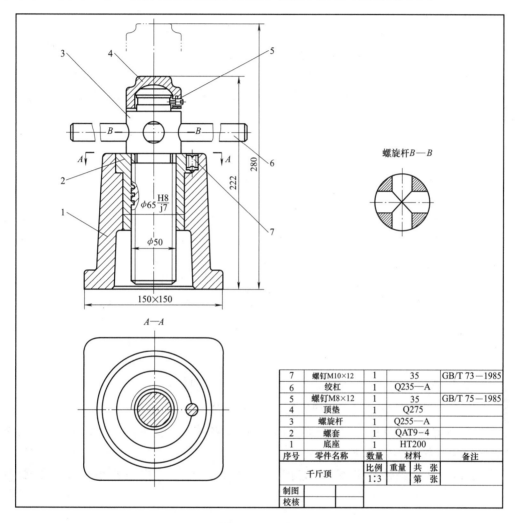

7	螺钉M10×12	1	35	GB/T 73—1985
6	绞杠	1	Q235—A	
5	螺钉M8×12	1	35	GB/T 75—1985
4	顶垫	1	Q275	
3	螺旋杆	1	Q255—A	
2	螺套	1	QAT9—4	
1	底座	1	HT200	
序号	零件名称	数量	材料	备注
千斤顶		比例	重量	共　张
		1:3		第　张
制图				
校核				

图 2-90　千斤顶

1）特性尺寸是机器或部件规格和特征的尺寸，也是设计和选用产品时的主要依据，如图 2-90 所示装配图中的螺杆直径 $\phi 50 mm$。

2）装配尺寸，包括零件之间有配合要求的尺寸及装配时需保证的相对位置尺寸，如图 2-90 所示螺套与底座的配合尺寸 $\phi 65 \frac{H8}{j7}$。

3）安装尺寸是将部件安装到基座或其他部件上所需的尺寸。

4）外形尺寸是表示机器或部件的总长、总宽、总高的尺寸。

5）其他重要尺寸指设计过程中经计算或选定的重要尺寸以及其他必须保证的尺寸，如运动零件的极限位置尺寸、主体零件的重要尺寸等。如图 2-90 所示的尺寸 280mm 为螺杆上升时的极限位置尺寸。

（3）技术要求 用文字或符号标明装配体在装配、调整、使用时的要求、规则、说明等。

1）装配要求是装配体在装配过程中需注意的事项及装配后必须达到的要求，如精度、间隙和润滑要求等。

2）检验要求是装配体基本性能的检验要求。

3）使用要求是装配体的规格、参数及维护、保养与使用时的注意事项及要求。

（4）零件的序号和明细表 组成装配体的每一个零件或部件，都被按顺序编上序号；明细表中注明了各种零件或部件的名称、数量、材料等，以便于读图及进行生产准备工作。

1）每一种零件（无论件数多少），一般只编一个序号，必要时，多处出现的相同零件允许重复采用相同的序号标注。

2）序号应编注在视图周围，按顺时针或逆时针方向排列，在水平和铅垂方向应排列整齐。

3）零件序号和所指零件之间用指引线连接，注写序号的指引线应自零件的可见轮廓线内引出，末端画一圆点；若所指的零件很薄或是涂黑的剖面，不宜画圆点时，可在指引线末端画出箭头，并指向该零件的轮廓，如图2-91所示。

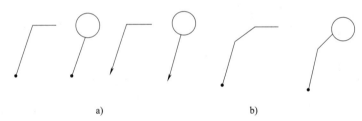

a)　　　　　　　　　　　　　　　　　　b)

图2-91　单个序号的标注

① 指引线相互不能相交，不能与零件的剖面线平行。一般指引线应画成直线，必要时允许曲折一次，如图2-92所示。

② 对于一组紧固件或装配关系清楚的零件组，允许采用公共指引线，如图2-92所示。

图2-92　成组序号的标注

（5）标题栏 应注明装配体的名称、图号、比例，以及责任者的签名和日期等。

二、读装配图

1. 读装配图的基本要求

1）了解装配体的用途和工作原理。

2）了解各零部件之间的连接形式、装配关系及拆装顺序。

3）弄清各零部件的作用和结构形状。

2．读装配图的方法和步骤

（1）概括了解　从标题栏和有关说明书中，了解机器或部件的名称、用途和工作原理，并从零件明细栏对照图上的零件序号，了解零件和标准件名称、数量和所在位置。对视图进行初步分析，根据图样上的视图、剖视图、断面图的配置和标注，找出投射方向、剖切位置，了解每个视图的表达重点。

（2）了解装配关系和工作原理　将装配体分成几条装配干线，深入分析机器或部件的装配关系和工作原理，弄清零件之间的相互位置。

（3）分析零件　根据零件的编号、投影的轮廓、剖面线的方向、间隔（如同一零件在不同视图中剖面线方向与间隔必须一致），以及某些规定画法（如实心零件不剖）等，来分析零件的投影。了解各零件的结构形状和作用，也可分析其与相关零件的连接关系。对分离出来的零件，可用形体分析法及线面分析法结合结构仔细分析，逐步读懂。

（4）归纳总结　在以上分析的基础上，对装配体的运动情况、工作原理、装配关系、拆装顺序等进一步研究，加深理解。

习题与思考

一、填空题

1．图纸的基本幅面有_____种，最大幅面的图纸幅面代号为_____。在图纸上必须画出图框，标题栏一般应位于图纸的_____方位。

2．图样中，机件的可见轮廓线用_____画出，不可见轮廓线用_____画出，尺寸线和尺寸界限用_____画出，对称中心线和轴线用_____画出。

3．比例是_____与_____相应要素的线性尺寸之比，在画图时应尽量采用_____的比例，需要时也可采用放大或缩小的比例，其中1∶2为_____比例，2∶1为_____比例。无论采用哪种比例，图样上标注的应是机件的_____尺寸。

4．标注尺寸的三要素_____、_____和_____。

5．形体分析法的要点是：分清组合体的_____部分；搞清各组成部分之间的_____位置；辨清相邻两形体的_____形式及_____关系。

6．组合体的组合形式主要有_____和_____两种基本形式。

7．基本视图是物体向_____投射所得的视图。

8．向视图是可_____的视图，是物体向_____投影面投射所得的视图。

9．局部视图是将物体的_____向_____面投射所得的视图。可按_____和_____的配置形式配置。

10．斜视图是物体向不平行于_____的平面投射所得的视图。斜视图通常按_____的配置形式配置并标注。必要时，允许将斜视图旋转配置，当某一旋转配置斜视图的名称为 B，且必须注明旋转角度（逆时针转 60°）时，则应在斜视图上方标注_____。

11. 剖切面是指_____，剖面区域是指_____，剖切线是用于表示_____的线，用_____绘制。

12. 根据物体的结构特点，剖切面有_____、_____、_____三大类，剖视图可分为_____、_____、_____三大类。

13. 某图样标题栏中标注的比例为 1:2，该图样中某局部放大视图是以图样中图形线性尺寸的 2 倍画出的，则该局部放大图的比例应标注为_____。

14. 在用剖视图表达内外螺纹联接时，旋合部分按_____螺纹的画法绘制，其余部分仍按_____表示。

15. 表面结构的评定参数主要有：轮廓算术平均偏差，代号是_____，轮廓最大高度，代号是_____。

16. 基本尺寸是指_____尺寸，尺寸公差是指_____，极限尺寸是指允许尺寸变动的_____。

17. 国家标准规定的三类配合是指_____、_____、_____配合。

18. 标准公差分为_____级，即从_____至_____，其中_____公差值最小，精度最高；_____公差值最大，加工要求最低。

19. 一张完整的零件图应包含_____、_____、_____、_____等部分内容。

20. 一张完整的装配图应包含_____、_____、_____、_____、_____等部分内容。

二、判断题

1. 剖切符号只能指示剖切面的起迄、转折位置，不能指示投射方向。（　　）

2. 局部放大图上方标出的比例根据图样的具体要求，可能是放大比例、原值比例和缩小比例三种情况。（　　）

3. 与投影面倾斜的圆和圆弧，其投影均可简化用圆或圆弧代替。（　　）

4. 表面结构不影响零件的使用性能。（　　）

5. Ra 值越小，表面质量要求越高，加工成本也越高。（　　）

6. 基本偏差既表示公差带位置，又表示公差带大小。（　　）

7. 公差是零件尺寸允许的最大偏差。（　　）

8. 过渡配合可能有间隙，也可能有过盈，因此，过渡配合可能是间隙配合，也可能是过盈配合。（　　）

9. 基本尺寸相同，公差等级一样的孔和轴标准公差相等。（　　）

10. 标注几何公差时，同轴度的公差框格的指引线要与尺寸线对齐。（　　）

11. 采用间隙配合的孔和轴为了表明配合性质，结合面应画出间隙。（　　）

12. 孔 $\phi 20H8$ 与轴 $\phi 20f7$ 形成的配合是间隙配合。（　　）

13. 局部放大视图上方标出的比例根据图样的具体要求，可能是放大比例、原值比例和缩小比例三种情况。（　　）

14. 零件图中，对于该零件的所有技术要求，都必须在图样的空白处用文字加以说明，绝不能标注在图样上，否则会造成图形表达不清楚。（　　）

三、根据轴测图指出相应的三视图（图2-93）

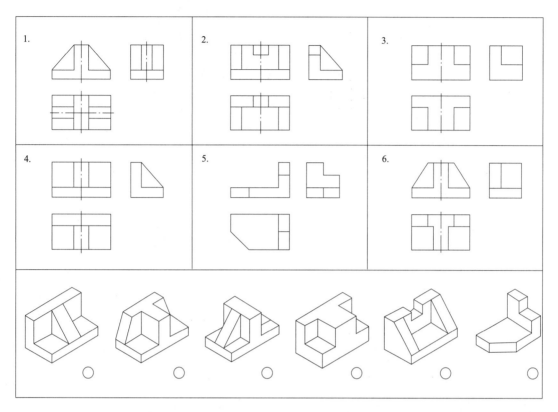

图 2-93　三视图与轴测图

四、绘图题

1. 指出如图 2-94 所示的图形中尺寸标注的错误，并给予改正。

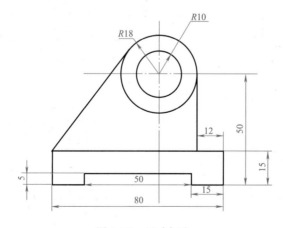

图 2-94　尺寸标注

2. 补画如图 2-95 所示形体的第三视图。

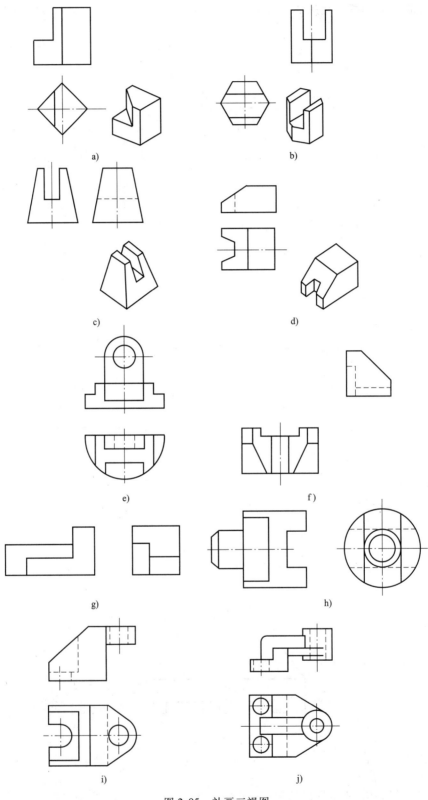

图 2-95 补画三视图

3. 补画如图 2-96 所示视图中的缺线。

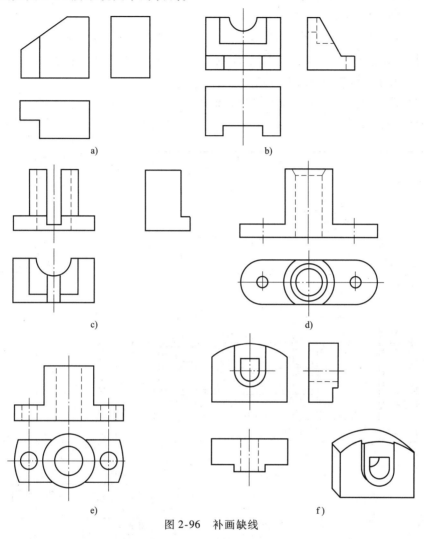

图 2-96　补画缺线

4. 画出如图 2-97 所示零件的断面图（键槽的深度为 3mm）。

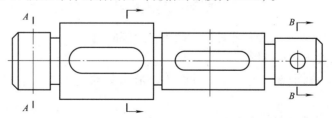

图 2-97　补全断面图

五、综合题

1. 识读如图 2-98 所示零件图。

（1）说明 φ20f7 的含义：φ20mm 为_____，f7 是_____。

（2）说明 ⊥ 0.03 A 含义：符号 ⊥ 表示_____，数字 0.03 是_____，A 是_____，他对齿轮左端面的要求是_____。

（3）此零件图中，加工要求最高的圆柱面是_____、_____和_____。

（4）补全 A—A 剖视图。

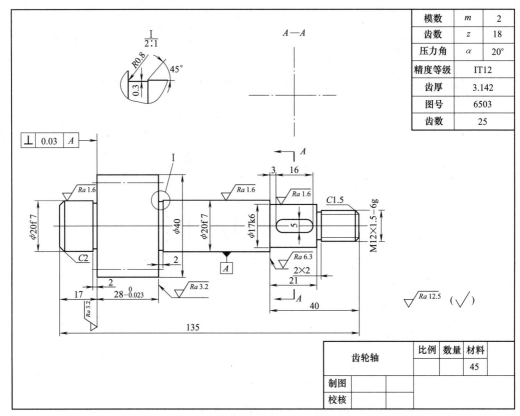

图 2-98　零件图一

2. 看懂如图 2-99 所示端盖的零件图，画图并回答问题。

（1）在指定位置画出右视图。

（2）零件的左视图是_____剖视图，采用的是_____剖切平面，故称为_____剖。

（3）零件长度方向的主要基准在_____。

（4）M5 的螺纹孔共有_____个，螺纹长度为_____，7H 是_____代号。

（5）测量同轴度的基准是_____，垂直度的被测要素是_____。

（6）产生相贯线的两孔定位尺寸是_____，尺寸精度最高的表面是_____，公差等级是_____，基本偏差为_____。

3. 读懂如图 2-100 所示的零件图，回答下列问题。

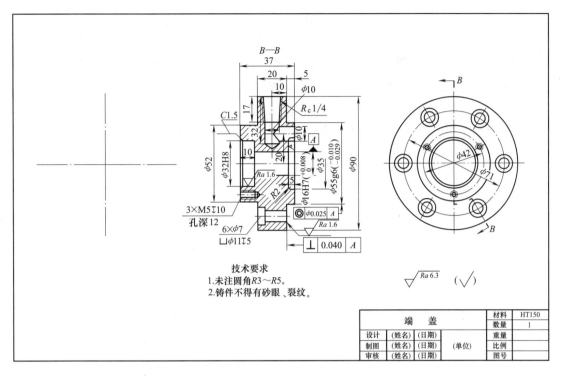

图 2-99　零件图二

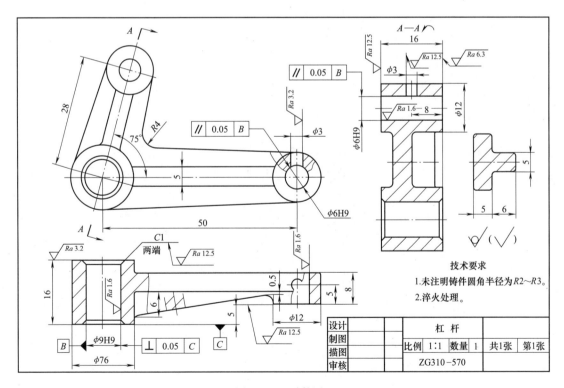

图 2-100　零件图三

79

（1）图示零件的名称是_____，零件用了_____个图形表达，比例为_____。

（2）俯视图采用了_____和_____表达方法。

（3）$\phi 9 H9$ 的公差等级为_____，该表面的表面粗糙度数值为_____。

（4）图中右端框格 $\boxed{\,/\!/\,|\,0.05\,|\,B\,}$ 的标注表示_____对_____的_____公差为 0.05mm，基准要素是_____。

（5）杠杆长度、宽度和高度方向的主要基准是_____，_____，_____。

单元三 常用机械传动

学习目标

1. 了解带传动的工作原理、特点、类型和应用。
2. 了解 V 带的结构和规格。
3. 了解 V 带轮的材料和结构。
4. 会正确安装、调试和维护 V 带传动装置。
5. 了解啮合传动的种类、特点和应用场合。
6. 了解链传动的类型、应用特点和工作过程。
7. 能进行链传动的安装与维护。
8. 了解齿轮传动的类型和特点。
9. 了解齿轮传动的工作过程和传动比。
10. 了解常用齿轮传动的应用场合。
11. 了解机械润滑的目的、润滑剂的作用、常用润滑剂及其选用和常用润滑方法。
12. 了解机械密封的目的和常用密封方式。

现代工业中主要应用的传动方式有机械传动、液压传动、气压传动和电气传动等。其中，机械传动是一种最基本的传动方式，应用最为普遍。

机械传动的一般分类方法如下：

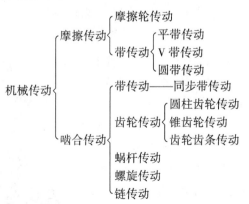

本单元主要介绍一些常用的机械传动。如图 3-1 所示的牛头刨床示意图中就包含了齿轮传动和带传动等。

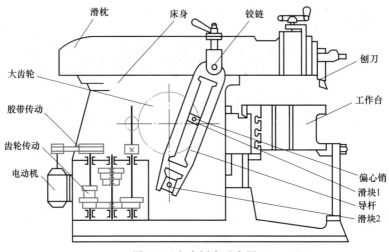

图 3-1　牛头刨床示意图

课题一　带　传　动

一、带传动的类型和应用特点

1. 带传动的类型

带传动可分为平带传动、V 带传动、圆带传动和同步带传动等，如图 3-2、图 3-3 所示。

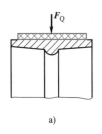
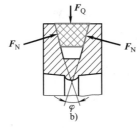
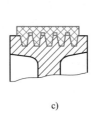
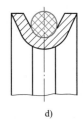

图 3-2　带传动中带的截面形状

a）平带传动　b）、c）V 带传动　d）圆带传动

（1）平带传动　平带的横截面为矩形，如图 3-2a 所示，已标准化。常用的有橡胶帆布带、皮革带、棉布带和化纤带等。

平带传动主要用于两带轮轴线平行的传动，其中有开口式传动和交叉式传动等。开口式传动，两带轮转向相同，应用较多；交叉式传动，两带轮转向相反，包角增大，传动能力增强，但传动带容易损坏。

（2）V 带传动　V 带的横截面为梯形，如图 3-2b、c 所示，已标准化。V 带传动是把 V 带紧套在带轮上

图 3-3　同步带

的梯形槽内，使 V 带的两侧面与带轮槽的两侧面压紧，从而产生摩擦力来传递运动和动力。

在相同条件下，V 带传动比平带传动的摩擦力大，由于楔形摩擦原理，V 带的传动能力一般为平带的 3 倍，故 V 带传动能传递较大的载荷，获得了广泛的应用。

（3）圆带传动　圆带常用皮革制成，也有圆绳带和圆锦纶带等，它们的横截面均为圆形，如图 3-2d 所示。圆带传动只适用于低速、轻载的机械，如缝纫机、真空吸尘器、磁带盘的传动机构等。

（4）同步带传动　同步带传动是靠带内侧的齿与带轮的齿相啮合，来传递运动和动力的。由于钢丝绳受载荷作用时变形极小，又是啮合传动，所以同步带传动的传动比较准确，如图 3-3 所示。

2. 带传动的特点

与其他传动形式相比较，带传动具有以下特点：

1）由于传动带具有良好的弹性，所以能缓和冲击、吸收振动，传动平稳，无噪声。但因带传动存在滑动现象，所以不能保证恒定的传动比。

2）传动带与带轮是通过摩擦力传递运动和动力的，因此过载时，传动带在轮缘上会打滑，从而可以避免其他零件的损坏，起到安全保护的作用。但带传动的传动效率较低，带的使用寿命短，轴、轴承承受的压力较大。

3）适宜用在两轴中心距较大的场合，但此时带轮外廓尺寸较大。

4）结构简单，制造、安装、维护方便，成本低。但不适用于高温、有易燃易爆物质的场合。

二、带传动的工作过程

带传动是利用轮与带接触处的摩擦力（啮合）来传递运动和动力的一种传动方式。前文已经介绍了常用的带传动有平带传动和 V 带传动，如图 3-4 所示。其中 V 带的应用最广，这里将以 V 带传动为例，解释带传动的相关知识。

1. V 带简介

普通 V 带为无接头的环形带，V 带两侧面夹角为 40°，其横截面结构如图 3-5 所示。其中图 3-5a 所示是帘布结构，图 3-5b 所示是绳芯结构，这两种结构的 V 带均由以下四部分组成：伸张层——由胶料构成，带弯曲时受拉；强力层——由几层挂胶的帘布或浸胶的尼龙

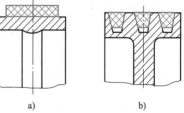

图 3-4　平带和 V 带

a）平带　b）V 带

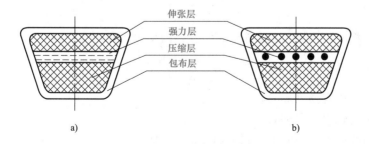

伸张层
强力层
压缩层
包布层

a）　　　　　b）

图 3-5　V 带的结构

a）帘布结构　b）绳芯结构

绳构成，工作时主要承受拉力；压缩层——由胶料构成，带弯曲时受压；包布层——由挂胶的帘布构成。

一般用途的带传动主要用帘布结构的 V 带。绳芯结构比较柔软，抗弯强度高，抗拉强度稍差，适用于转速较高、载荷不大或带轮直径较小的场合。

按照带的截面高度 h 与其节宽 b_p 的比值不同，V 带又分为普通 V 带 $\left(\dfrac{h}{b_p} = 0.7\right)$、窄 V 带 $\left(\dfrac{h}{b_p} = 0.9\right)$、宽 V 带 $\left(\dfrac{h}{b_p} = 0.3\right)$ 等，普通 V 带按截面尺寸由小到大分为 Y、Z、A、B、C、D、E 七种型号。

普通 V 带的标记为：带型　基准长度　国标号。

例如，A 型普通 V 带，基准长度为 1000mm，其标记为：A　1000　GB/T 11544—1997。

2. V 带传动的相关知识

（1）包角 α　带与带轮接触弧长所对应的中心角称为包角。V 带传动中，一般包角不应小于 120°。

（2）传动比 i　工程上一般将从动轮转速与主动轮转速的比值称为传动比。

如图 3-6 所示，1 为主动轮，2 为从动轮，其传动比就是主动轮转速与从动轮转速的比值。传动比用符号 i 表示，表达式为

$$i = \frac{n_1}{n_2}$$

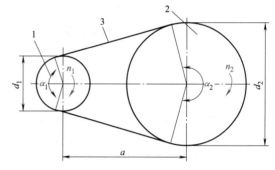

图 3-6　带传动的传动比

式中　n_1——主动轮转速（r/min）；
　　　n_2——从动轮转速（r/min）。

传动时，如果带与两轮在接触处任意一点没有相对滑移，则它们的线速度的值相等，即 $v_1 = v_2$。

因为

$$v_1 = \frac{\pi D_1 n_1}{1000 \times 60}$$

$$v_2 = \frac{\pi D_2 n_2}{1000 \times 60}$$

所以

$$n_1 D_1 = n_2 D_2$$

或

$$\frac{n_1}{n_2} = \frac{D_2}{D_1}$$

由此可知：两带轮的转速之比等于它们直径的反比，得

$$i = \frac{n_1}{n_2} = \frac{D_2}{D_1}$$

式中　D_1——主动轮直径（mm）；
　　　D_2——从动轮直径（mm）。

（3）V 带的线速度 v　由前文可知其计算公式如下：

$$v = \frac{\pi D n}{1000 \times 60}$$

式中 v——V 带的线速度（m/s）；

　　　　D——V 带轮的直径（mm）；

　　　　n——V 带轮的转速（r/min）。

（4）中心距 a 两带轮轴线间的距离称为中心距。中心距越小，带轮包角越小，带的寿命越短；中心距过大，运行时带会产生剧烈的抖动。

（5）V 带的根数   同时工作的 V 带根数过多，会影响每根带受力的均匀性，一般不超过 10 根。

（6）V 带的张紧装置   V 带在使用一段时间后会松弛，从而影响带传动的质量，所以必须对 V 带张紧（拉紧）。V 带的张紧方式有定期张紧和自动张紧两种形式，其装置如图 3-7 所示。

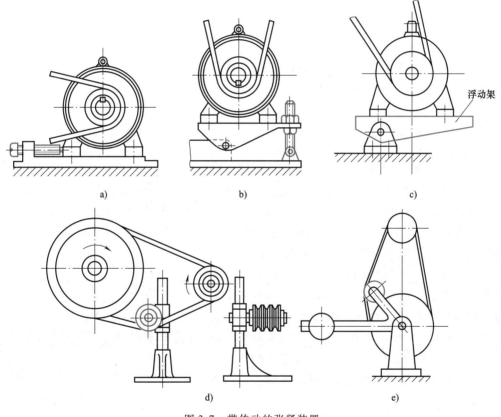

图 3-7   带传动的张紧装置

a)、b)、c) 调整中心距   d)、e) 采用张紧轮

3. V 带传动的安装和使用

1）V 带必须正确地安装在轮槽中，一般以带的外边缘与轮缘平齐为准。

2）传动带的张紧力要适当。张紧力过小容易打滑，不能传递足够的功率；张紧力太大会使传动轴产生弯曲变形，降低传动带的使用寿命，加剧轴和轴承的磨损，同时也降低传动效率。张紧程度以大拇指能按下 15mm 为宜。

3）两带轮的轴线要保持平行，且两轮轮槽要相互对齐。

4）装、拆 V 带时，应先将中心距调小，将 V 带套上带轮后，再调回正确位置，避免硬撬而损坏 V 带。

5）调换 V 带时，一般要成组更换，不宜逐根调换。

6）传动带在带轮上的包角不能太小，否则容易打滑。V 带传动的包角不能小于 120°。

7）带的工作温度不应超过 60℃。带不宜与油、酸、碱等腐蚀性物质接触。

8）为了保证安全，带传动应加防护罩。

课题二　链　传　动

一、链传动的类型和应用特点

1. 链传动的主要类型

（1）按工作特性分：

1）起重链——用于提升重物，其运行速度 $v \leqslant 0.25 \mathrm{m/s}$。

2）牵引链——运输机械，其运行速度 $v \leqslant 2 \sim 4 \mathrm{m/s}$。

3）传动链——用于传递运动和动力，其运行速度 $v \leqslant 12 \sim 15 \mathrm{m/s}$。

（2）按传动链连接形式分

1）滚子链。如图 3-8 所示，滚子链由内链板、滚子、套筒、外链板、销轴组成。内链板与套筒、外链板与销轴均为过盈配合；套筒与销轴、滚子与套筒均为间隙配合，这样链节就像铰链一样，内外链板间有相对转动，可在链轮上曲折，从而与链轮实现啮合，同时，还可减少链条与链轮间的摩擦和磨损。为减轻重量和使链板各截面强度接近相等，链板制成 8 字形。滚子链使用时为封闭环形，当链节数为偶数时，链条一端的外链板正好与另一端的销轴板相连接，在接头处，用开口销如图3-9a 所示，或弹簧夹如图 3-9b 所示锁紧。若链节数为奇数，则需采用过渡链节（图 3-9c）连接。链条受拉时，过渡链节的弯链板承受附加的弯矩作用，所以，链节数应尽量避免取奇数。

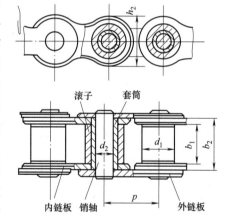

图 3-8　滚子链的结构

链条相邻两滚子中心间的距离称为节矩，用 p 表

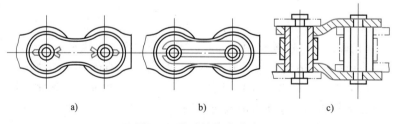

图 3-9　滚子链接头形式

a）开口销　b）弹簧夹　c）过渡链节

示，它是链条的重要参数。滚子链有单排链和多排链之分，图 3-10 所示为双排链。多排链用于较大功率传动，由于制造和装配误差，当排数较多时，各排受载不易均匀，所以使用时一般不超过 4 排。

2）齿形链。如图 3-11 所示，其传动平稳、承受冲击好、齿多受力均匀、噪声相对较小，故俗称无声链。其允许运行速度高，但结构较复杂、价格贵、制造较困难、也较重，例如摩托车用链，常应用于高速机、运动精度要求较高的场合，故目前应用较少。

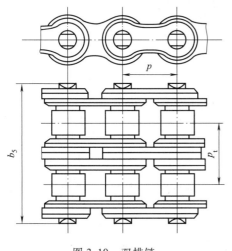

图 3-10 双排链

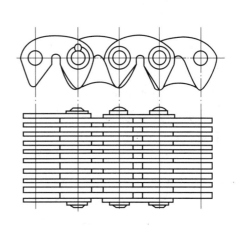

图 3-11 齿形链

2. 链传动的应用特点

链传动为具有中间挠性件的啮合传动，与带传动或其他传动相比，链传动的特点是：中心距使用范围较大；没有相对滑动，能得到准确的平均传动比；张紧力小，故对轴的压力小；结构较紧凑；可在高温、油污、潮湿等恶劣环境中工作；传动平衡性差；工作时有噪声；制造成本较高；只能用于平行轴间的传动。

根据链传动的特点，链传动的应用范围为：传递的功率 $P \leqslant 100\text{kW}$，传动比 $i \leqslant 8$，中心距 $a \leqslant 6\text{m}$，链速 $v \leqslant 15\text{m/s}$，传动效率约为 $0.94 \sim 0.98$。

二、链传动的工作过程

1. 链传动的组成

链传动是由主动链轮 1、从动链轮 2、套在两个链轮上的链条 3 和机架组成的，如图 3-12 所示。工作时，主动链轮转动，依靠链条的链节和链轮齿的啮合将运动和动力传递给从动链轮。

2. 链传动的布置、张紧与润滑

1）链传动装置只能布置在垂直平面内，不能布置在水平或倾斜平面内，两轮中心线最好水平或与水平面夹角小于 45°，如图 3-13 所示，安装时，一般松边在下，以防链节不能及时脱开，发生运动干涉。

2）是否需要张紧不取决于链传动

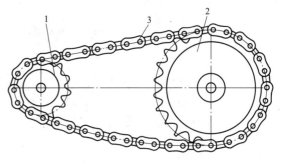

图 3-12 链传动

1—主动链轮 2—从动链轮 3—链条

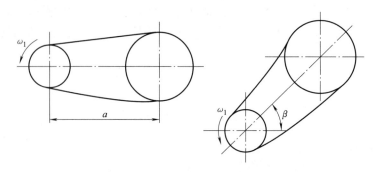

图 3-13　链传动的布置

的工作能力，而由链的垂度大小决定，一般用移动轮系的方法，以增大中心距 a；如 a 不可调，也可用张紧轮，如图 3-14 所示，此时应注意张紧轮应在靠近主动轮的松边上。不带齿的张紧轮可用夹布胶木制成，宽度比链轮约宽 5mm，且直径应尽量与小轮直径相近。

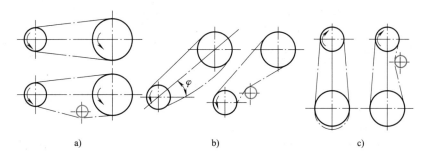

图 3-14　链传动的张紧轮布置

3）润滑有利于缓冲、减小摩擦、降低磨损，润滑良好与否对链传动的承载能力与寿命有很大影响。润滑方式按图 3-15 所示方法选取，注意链速越高，润滑方式要求也越高。

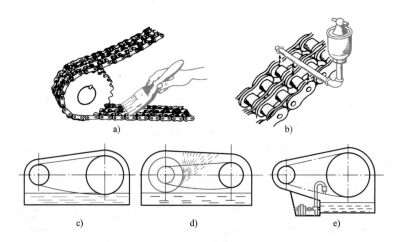

图 3-15　链传动的润滑

a）人工定期润滑　b）滴油润滑　c）、d）油浴或飞溅润滑　e）压力喷油润滑

课题三 齿轮传动

一、齿轮传动的类型和应用特点

1. 齿轮传动的类型

（1）按齿轮轮齿的形状分类 根据齿轮轮齿所依附的母体形状，可将齿轮分为圆柱齿轮（轮齿依附在圆柱体上，如图 3-16a、b、c、d、e、g 所示）、锥齿轮（轮齿依附在圆锥体上，如图 3-16f 所示）和齿条（轮齿依附在长方体上，如图 3-16c 所示）。

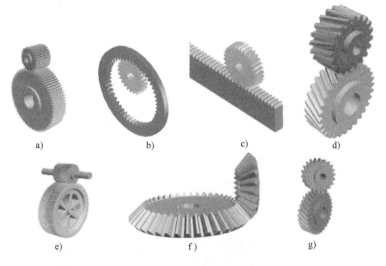

图 3-16 齿轮传动的类型

a）外啮合直齿圆柱齿轮传动 b）内啮合直齿圆柱齿轮传动
c）齿轮齿条传动 d）平行轴斜齿轮传动 e）人字齿轮
传动 f）直齿锥齿轮传动 g）交错轴斜齿轮传动

按轮齿排列在母体内外表面的不同，将齿轮分为外齿轮（图 3-16a、c、d、e、f、g）和内齿轮（图 3-16b 中的大齿圈）。

按轮齿在母体上排列的方向与母线是否平行，可将齿轮分为直齿轮（图 3-16a、b、c、f）和斜齿轮（图 3-16d、g）。直齿轮轮齿排列方向与母线方向平行，即与母体轴线平行；斜齿轮轮齿排列方向与母线不平行。若在母体上对称排列着两排斜齿，则这样的齿轮称为人字齿轮，如图 3-16e 所示。

根据轮齿齿廓曲线的不同，还可将齿轮分为渐开线齿轮、摆线齿轮和圆弧齿轮等。

（2）按齿轮传动的类型分类 除了可以按齿轮的类型将齿轮传动分为圆柱齿轮传动、锥齿轮传动、直齿轮传动、斜齿轮传动等类型外，齿轮传动主要的分类方法如下：

1）按两齿轮轴线的相对位置将其分为平面齿轮传动和空间齿轮传动。平面齿轮传动的两齿轮轴线互相平行，如图 3-16a、b、c、d、e 所示；空间齿轮传动的两齿轮轴线不平行，如图 3-16f、g 所示。

2）按齿轮传动的工作条件可将其分为开式齿轮传动、半开式齿轮传动和闭式齿轮传动。开式齿轮传动中的齿轮完全外露；半开式齿轮传动中的齿轮有防护罩保护，大齿轮有时可部分浸入润滑油；闭式齿轮传动中的齿轮全部在密封的刚性箱体内。

3）按齿轮齿面硬度的不同可将其分为软齿面齿轮传动和硬齿面齿轮传动。软齿面齿轮的齿面硬度小于550HBW（HBW是布氏硬度的表示符号），硬齿面齿轮的齿面硬度大于550HBW。

2. 齿轮传动的特点

齿轮传动是现代机械中应用最广的一种机械传动，但制造和安装精度要求高、成本高，且不宜用于中心距较大的传动。常用齿轮传动的主要特点见表3-1。

表3-1　常用齿轮传动的主要特点

传动类型	示意图	主要特点
直齿圆柱齿轮传动		1. $i_{瞬}$恒定，传动平稳、准确可靠 2. P、v范围大，适应性强 3. i较大，η高，寿命长 4. 制造、装配要求高 5. 中心距a较小
斜齿轮传动（轴线平行）		1. 承载大，传递功率大 2. 平稳、噪声小，高速（$v_{斜} > v_{直} > v_{螺旋}$），端面重合度ε大 3. 寿命长 4. 有轴向力，不能作滑动齿轮，螺旋角β大，轴向力大，故$\beta = 8° \sim 15°$，用人字齿或向心推力轴承承受；β在分度圆柱上测得；齿为螺旋状
锥齿轮传动		1. 用来传递空间两相交轴之间的运动和动力 2. 其轮齿分布在截圆锥体上，齿形从大端到小端逐渐变小 3. 为计算和测量方便，通常取大端参数为标准值 4. 两轴线间的夹角Σ称为轴角，一般机械中多取$\Sigma = 90°$
蜗杆传动		1. 承载能力大 2. i大、传动准确、结构紧凑 3. 传动最平稳、噪声最小 4. 导程角$\gamma < 5°$，有自锁性 5. 效率低$z_1 = 1$时，$\eta = 0.5$，故其传递功率不能太大（$P = 50kW$） 6. 材料贵（减摩性、耐磨性、抗胶合性好的材料） 7. 不能任意互换啮合（加工蜗轮用滚刀的m、α、d_1、z_1、γ都与蜗杆相同才能啮合）

二、直齿圆柱齿轮传动

近代齿轮传动广泛采用渐开线（动直线沿固定圆作纯滚动时，直线上任意点的轨迹称为渐开线）作为齿廓曲线，是因为渐开线齿廓有很好的啮合特性。

（1）正确啮合条件　如图 3-17 所示，N_1N_2 是两齿轮在齿廓接触点处的公法线，由渐开线的性质可知，齿轮的法向齿距应等于齿轮的基圆齿距。要使两齿轮能正确啮合，即两轮齿之间不产生间隙或卡住，则必须满足两齿轮的法向齿距相等的条件，亦即 $PB_1 = PB_2$，而由于模数和压力角都已标准化，所以要满足上式，应使

$$\left.\begin{array}{l} m_1 = m_2 = m \\ \alpha_1 = \alpha_2 = \alpha \end{array}\right\}$$

即渐开线直齿圆柱齿轮正确啮合的条件是：两齿轮的模数和压力角应分别相等，并等于标准值。

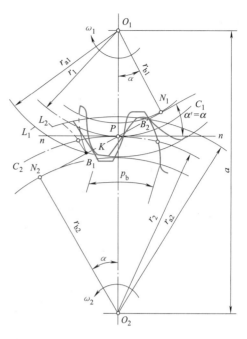

图 3-17　渐开线齿廓的啮合传动

（2）连续啮合条件　要保证齿轮能连续啮合传动，应要求在前一对轮齿的啮合点到达啮合终止点时，后一对轮齿已提前或至少同时到达啮合起始点进入啮合状态。否则主动齿轮继续转过一定角度后，后一对轮齿才进入啮合，啮合过程就出现中断，并产生冲击。因此，保证一对齿轮能连续啮合传动的条件是：实际啮合线段的长度应大于或等于齿轮的法向齿距。由于齿轮的法向齿距等于基圆齿距，所以连续啮合条件为

$$\varepsilon = \frac{b_1 b_2}{p_b} \geqslant 1$$

式中　ε——重合度；

$b_1 b_2$——实际啮合长度；

p_b——齿轮法向齿距。

ε 越大，意味着多对轮齿同时参与啮合的时间越长，每对轮齿承受的载荷就越小，齿轮传动也越平稳。对于标准齿轮，ε 的大小主要与齿轮的齿数有关，齿数越多，ε 越大。

（3）传动比　对于齿轮传动，传动比 i 为主动齿轮的转速 n_1（r/min）与从动齿轮的转速 n_2（r/min）之比，当两齿轮以正确啮合条件啮合时，传动比也等于两齿轮的齿数之比，即

$$i = \frac{n_1}{n_2} = \frac{z_1}{z_2}$$

（4）渐开线齿轮的传动特点

1）渐开线齿廓能保持恒定的传动比。互相啮合的一对渐开线齿轮，在任一瞬间，啮合点总位于两齿轮基圆的公切线上，易推导出传动比总等于啮合点至两圆心距离之比，故传动比恒定。

2）中心距可分离性。两齿轮的传动比不仅与齿轮半径成正比，同时也与两齿轮基圆的半径成反比。

3）齿廓间的正压力方向不变。两齿轮啮合传动的过程中，啮合点总位于两基圆的内公

切线上，故正压力方向总是沿着该公切线。

三、其他齿轮传动

1. 斜齿圆柱齿轮传动简介

直齿轮的齿廓形成和啮合特点的分析都是在齿轮端面进行的。由于齿轮有一定宽度，所以，其齿廓应该是渐开线曲面而不是渐开线，而且渐开线曲面是由发生面在基圆柱上作纯滚动时，发生面上任一与基圆柱母线平行的直线 *BB* 在空间的轨迹形成的，如图 3-18a 所示。

在齿廓曲面形成过程中，发生面上与基圆柱母线成一夹角 β 的直线 *BB* 在空间的轨迹将形成一渐开螺旋面。若以渐开螺旋面作为齿轮的齿廓，所得到的齿轮称为斜齿轮，如图 3-18b所示。

由齿廓曲面的形成过程可看出，直齿轮啮合传动时，齿面接触线皆为与齿轮轴线平行的等宽直线，如图 3-18c 所示，啮合开始和终止都是沿齿宽突然发生的，易引起冲击、振动和噪声，尤其在高速传动中更为严重。而斜齿轮啮合传动时，齿面接触线与齿轮轴线相倾斜，如图 3-18d 所示，其长度由点到线逐渐增长，到某一位置后又逐渐缩短，直至退出啮合，因此斜齿轮啮合是逐渐进入和逐渐退出的，且多齿啮合的时间比直齿轮长，故斜齿轮传动平稳、噪声小、重合度大、承载能力强，适用于高速和大功率场合。

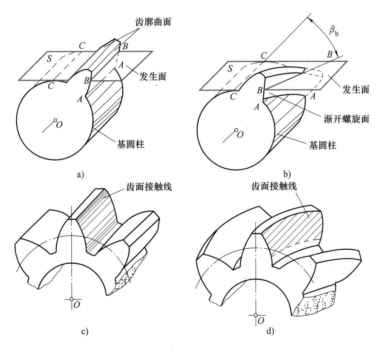

图 3-18　圆柱齿轮齿廓曲面的形成及接触线

斜齿轮传动的缺点是啮合时要产生轴向力 $\boldsymbol{F}_a$，如图 3-19a 所示，$\boldsymbol{F}_a$ 使轴承支承结构变得复杂。为此可采用人字齿轮，使轴向力相互平衡，但人字齿轮制造困难，主要用于重型机械。

2. 直齿锥齿轮传动简介

分度曲面为圆锥面的齿轮称为锥齿轮。按齿线形状的不同锥齿轮可分为直齿锥齿轮、斜齿锥齿轮、曲线齿锥齿轮等。锥齿轮用于相交轴齿轮传动和交错轴齿轮传动。

以分度圆锥面的直母线为齿线的锥齿轮称为直齿锥齿轮。直齿锥齿轮用于相交轴齿轮传

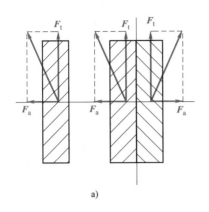
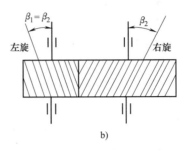

图 3-19　斜齿轮轴向力及轮齿旋向

动，两轴的交角通常为 90°（即 $\Sigma = 90°$），如图 3-20 所示。

直齿锥齿轮的几何特点是：齿顶圆锥面（顶锥）、分度圆锥面（分锥）和齿根圆锥面（根锥）三个圆锥面相交于一点；轮齿分布在圆锥面上，齿槽在大端处宽而深，在小端处窄而浅，轮齿从大端逐渐向锥顶缩小；在其素线垂直于分锥的背锥（通常为锥齿轮轮齿的大端端面）的展开面上，齿廓曲线为渐开线。锥齿轮由大端至小端的模数不同。规定以大端模数为依据并采用标准模数。

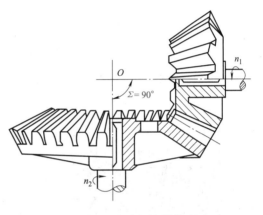

图 3-20　直齿锥齿轮传动

3. 蜗杆传动简介

蜗杆传动主要由蜗杆和蜗轮组成，如图 3-21 所示。它用于传递交错轴之间的回转运动和动力，通常轴交角 $\Sigma = 90°$，一般用于减速传动，蜗杆为主动件。

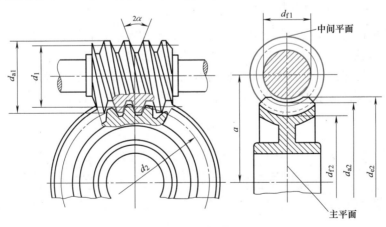

图 3-21　蜗杆传动

圆柱蜗杆传动相当于交错轴的两个各自绕其自身支承轴线转动的斜齿轮正交传动。其中圆柱蜗杆可认为是一个齿数少，且直径小于配对蜗轮的宽斜齿轮，形如螺杆。它有左旋和右旋、单线和多线之分，一般常用右旋。蜗轮则是齿数较多，齿体的中间曲面呈环面，与圆柱蜗杆配对的一个斜齿轮。由于蜗杆与蜗轮轴线正交，为了轮齿间啮合，蜗杆导程角 γ 和蜗轮螺旋角 β 必须相等，旋向相同，即 $\gamma = \beta$。

蜗杆传动按照蜗杆的外形可分为：如图 3-22a 所示的圆柱蜗杆传动、如图 3-22b 所示的圆环面蜗杆传动和如图 3-22c 所示的锥面蜗杆传动。

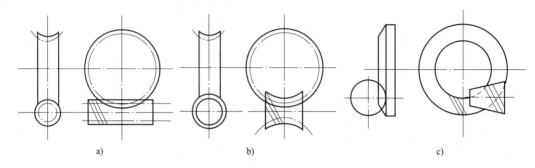

a)   b)   c)

图 3-22　蜗杆传动的类型

圆柱蜗杆按螺旋面的形状可分为阿基米德蜗杆（图 3-23）和渐开线蜗杆（图 3-24）等。

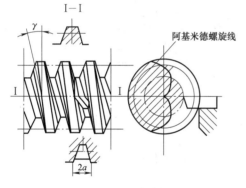

图 3-23　阿基米德蜗杆

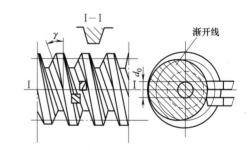

图 3-24　渐开线蜗杆

阿基米德蜗杆的端面齿廓是阿基米德螺旋线，轴向齿廓是直线。其加工过程与车普通梯形螺纹相似，容易制造，故应用广泛，缺点是不易得到高的精度。

渐开线蜗杆的端面是渐开线，加工时刀具切削刃切于基圆，也可以用滚刀加工，磨削方便，制造精度较高，适用于成批生产，以及功率较大的高速传动，传动效率较高，缺点是要专用设备加工。

课题四　机械润滑与密封

一、机械润滑的目的与作用

1. 摩擦与磨损

摩擦是两接触的物体在接触表面间相对滑动，或有滑动趋势时，产生阻碍其发生相对滑动的切向阻力，这种现象称为摩擦。摩擦状态如图 3-25 所示，摩擦的种类如下：

1）干摩擦——两摩擦表面直接接触，不加入任何润滑剂的摩擦。实际上，即使很洁净的表面上也存在脏污膜和氧化膜。

2）边界摩擦（边界润滑）——摩擦面上有一层边界膜起润滑作用的摩擦。

3）混合摩擦（润滑）——此时，虽仍有一些微凸体直接接触，但其摩擦阻力小得多，f 也比边界摩擦小得多。

4）流体摩擦（润滑）——摩擦表面间的润滑膜厚度大到足以将两个表面的轮廓完全隔开时，即形成了完全液体摩擦，f 极小，是理想摩擦状态。

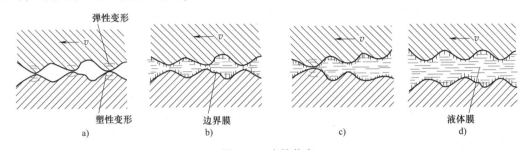

图 3-25　摩擦状态
a）干摩擦　b）边界摩擦　c）混合摩擦　d）流体摩擦

磨损是由于摩擦引起的摩擦能耗导致材料表面的不断损耗或转移。磨损使零件的表面形状与尺寸遭到缓慢而连续地破坏，导致零件的精度、可靠性、效率下降直至破坏。磨损一般是有害的，但工程上也有利用磨损作用的场合，如精加工中的磨削与抛光、机器的跑合等。

常见的磨损类型有以下几种：

1）粘着磨损——由于吸附膜破裂而使轮廓直接接触，形成冷焊节点（粘着），并由于接触表面间的相对运动使材料由表面转移至另一表面，载荷越大，温度越高，粘着越严重。

2）磨粒磨损——由于外部进入的硬质颗粒或摩擦表面上的硬质突出物在较软的材料表面进行微切削的过程。

零件材料表面越硬，磨粒磨损越小，一般要求金属材料的硬度应至少比磨粒硬度大 30%。

3）表面疲劳磨损——受交变接触应力的摩擦副表面微体积材料在重复变形时，由于疲劳破坏而从摩擦副表面剥落下来，这种现象称为表面疲劳磨损（点蚀）。

4）腐蚀磨损——摩擦过程中，金属与周围介质发生化学反应或电化学反应而引起的磨损。

一般来讲零件的磨损又要经过以下三个过程：

1）磨合磨损阶段形成一个稳定的表面粗糙度，且在以后过程中，此粗糙度不会继续改变，所占时间比率较小。

2）稳定磨损阶段时，经磨合的摩擦表面加工硬化，形成了稳定的表面粗糙度，摩擦条件保持相对稳定，磨损较缓慢。该段时间的长短反映零件的寿命。

3）急剧磨损阶段是经稳定磨损后，零件表面破坏，运动副间隙增大，形成动载、振动，润滑状态改变，温度升高，使磨损速度急剧上升，直至零件失效。

2. 机械润滑

润滑是为了减少摩擦、降低磨损的一种有效手段，机械润滑的目的为：①减少摩擦、减轻磨损；②降温冷却；③清洗作用；④防止腐蚀；⑤缓冲减振；⑥密封。

二、常用润滑剂及其选用

在机械零件的相对运动过程中，润滑剂除了降低摩擦，减小磨损外，还起到冷却、降温，减缓锈蚀，缓冲吸振、清污和密封等作用。

润滑剂有液体（水、油）、单固体（润滑脂）、固体（石墨、二硫化钼）、气体（空气）等，适用于不同的润滑场合。常用的是润滑油和润滑脂。

（1）润滑油　润滑油中的有机油（动植物油）使用较少，性能不稳定；矿物油（石油产品）来源广、成本低，适用范围广且稳定性好，所以应用最为广泛；合成油（用化学手段合成）有特殊性能，针对特殊用途，且成本较高。常用润滑油的用途见表3-2。

表 3-2　常用润滑油的用途

名　称	牌号	简要说明及主要用途	名　称	牌号	简要说明及主要用途
全损耗系统用油 （GB 443—1989）	L—AN15 L—AN22 L—AN32 L—AN46 L—AN68	适用于对润滑油无特殊要求的锭子、轴承、齿轮和其他低负荷机械等部件的润滑，不适用于循环系统	工业闭式齿轮油 （GB 5903—1995）	L—CKB100 L—CKB150 L—CKB220	一种抗氧防锈型润滑油。适用于正常油温下运转的轻载荷工业闭式齿轮润滑
			普通开式齿轮油 （SH 0363—1992）	150 220 320	适用于正常油温下轻载荷普通开式齿轮润滑
L—HL 液压油 （GB 11118.1—1994）	L—HL32 L—HL46 L—HL68 L—HL100	抗氧化、防锈、抗浮化等性能优于普通全损耗系统用油。适用于一般机床主轴箱、液压齿轮箱以及类似的机械设备的润滑	蜗轮蜗杆油 （SH 0094—1991）	L—CKE220 L—CKE320 L—CKE460	适用于正常油温下轻载荷蜗杆传动的润滑
			主轴、轴承和有关离合器用油 （SH 0017—1990）	L—FC22 L—FC32 L—FC46	适用于主轴、轴承和有关离合器油的压力油浴和油雾润滑

（2）润滑脂　润滑油加稠化剂（如钙、钠、锂的金属皂）形成的膏状混合物。常用润滑脂的用途见表3-3。

表 3-3　常用润滑脂的用途

名　称	代号	主要用途	名　称	代号	主要用途
钙基润滑脂 （GB 491—2008）	1号 2号 3号	有耐水性能。用于工作温度低于55~60℃的各种工农业、交通运输设备的轴承润滑，特别是潮湿处	钙钠基润滑脂 （SH 0368—1992）	1号 2号	用于有水、较潮湿环境中工作的机械润滑，多用于铁路机车、列车、发电机滚动轴承的润滑。不适用于低温工作。使用温度为80~100℃
钠基润滑脂 （GB/T 492—1989）	2号 3号	不耐水（潮湿）。用于工作温度在−10~10℃的一般中等载荷机械设备轴承的润滑	7407号齿轮润滑脂 （SH/T 0469—1994）		用于各种低速，中、高载荷齿轮、链和联轴器的润滑。使用温度小于120℃
通用锂基润滑脂 （GB 7324—1994）	1号 2号 3号	多效通用润滑脂。适用于各种机械设备的滚动轴承和滑动轴承及其他摩擦部位的润滑。使用温度为−20~120℃	7014—1高温润滑脂 （GB 11124—1989）	7014—1	用于高温下工作的各种滚动轴承的润滑，也用于一般滑动轴承和齿轮的润滑。使用温度为−40~200℃

（3）润滑方式 不同的传动装置的运行情况不一样，选择的润滑方式也不同，如滑动轴承的润滑、滚动轴承的润滑、齿轮传动的润滑等都会视具体因素选择所需的润滑方式，现以齿轮传动为例，说明齿轮润滑方式的选择及注意事项，见表3-4。

表3-4 齿轮润滑方式的选择及注意事项

齿轮速度 $v/(m/s)$	润滑方式	注 意 事 项
<0.8	涂抹或充填润滑脂	润滑脂中加油性或极压添加剂
<12	浸油润滑	1. 齿轮圆周速度 $v < 12 m/s$ 时，一般采用浸油润滑 2. 润滑油中加抗氧化、抗泡沫添加剂 3. 齿轮浸油深度 $h_1 = 1 \sim 2$ 个齿高（$\geqslant 10mm$） 4. 齿顶线到箱底内距离 $h_2 > 30mm$ 5. 每 kW 功率的油池体积 >0.35L 6. 锥齿轮浸油深度要保证全齿宽接触油
3 ~ 12	飞溅润滑	润滑油中加抗氧化、抗泡沫添加剂
12 ~ 15	压力喷油	1. 润滑油中加抗氧化、抗泡沫添加剂 2. 喷油压力 0.1 ~ 0.25MPa 3. 喷嘴放在啮入侧（一般情况），喷嘴放在啮出侧，散热好（$v > 25m/s$）
	油雾润滑	1. 一般用于高速、轻载，润滑油粘度稍低 2. 喷油压力 <0.6MPa

三、机械密封的目的及密封常识

1. 机械密封的目的

机械密封又称端面密封，机械密封性能可靠、泄漏小、使用寿命长、功耗低、不需经常维修，且能适应于生产过程自动化和高温、低温、高压、真空、高速，以及各种强腐蚀性介质、含固体颗粒介质等苛刻工况的密封要求。

机械密封是靠一对或几对垂直于轴，作相对滑动的端面在流体压力和补偿机构的弹力（或磁力）作用下保持接合，并配以辅助密封而达到的阻漏的轴封装置。机械密封与软填料密封相比，其优点如下：

1) 密封可靠，在长期运转中密封状态很稳定，泄漏量很小，其泄漏约为软填料密封的 1%。

2) 使用寿命长，在油、水介质中一般可达 1 ~ 2 年或更长，在化工介质中一般能工作半年以上。

3) 摩擦功率消耗小，其摩擦功率仅为软填料密封的 10% ~ 50%。

4) 轴或轴套基本上不磨损。

5) 维修周期长，端面磨损后可自动补偿，一般情况下不需经常性维修。

6) 抗振性好，对旋转轴的振动，以及轴对密封腔的偏斜不敏感。

7) 适用范围广，机械密封能用于高温、低温、高压、真空、不同旋转频率，以及各种腐蚀介质和含磨粒介质的密封。

其缺点是：

1) 结构较复杂，对加工要求高。

2) 安装与更换比较麻烦，要求工人有一定的技术水平。

3) 发生偶然性事故时，处理较困难。

4）价格较高。

2. 密封常识

（1）机械密封前的准备工作

1）检查机械密封的型号、规格是否符合设计图样的要求，所有零件（特别是密封面、辅助密封圈）有无损伤、变形、裂纹等现象，若有缺陷，必须更换或修复。

2）检查机械密封各零件的配合尺寸、表面粗糙度、平行度误差是否符合设计要求。

3）使用小弹簧机械密封时，应检查小弹簧的长短和刚性是否相同。

4）检查主机的窜动量、摆动量和挠度是否符合技术要求。

5）应保持清洁，特别是旋转环和静止环密封面及辅助密封圈表面应无杂质、灰尘。不允许用不清洁的布擦拭密封面。

6）不允许用工具敲打密封元件，以防止密封件被损坏。

（2）机械密封安装、使用技术要领

1）设备转轴的径向圆跳动应不大于 0.04mm，轴向窜动量不允许大于 0.1mm。

2）设备的密封部位在安装时应保持清洁，密封零件应进行清洗，密封端面完好无损，防止杂质和灰尘进入密封部位。

3）在安装过程中严禁碰击、敲打，以免使机械密封摩擦副破损而使密封失效。

4）安装时在与密封相接触的表面应涂一层清洁的机械油，以便能顺利安装。

5）安装静环压盖时，拧紧螺纹必须施力均匀，保证静环端面与轴心线的垂直度要求。

6）安装后用手推动动环，应能使动环在轴上灵活移动，并有一定弹性。

7）安装后用手转动转轴，应无明显阻力。

8）设备在运转前必须充满介质，以防止干摩擦而使密封失效。

9）对易结晶、颗粒介质，当介质温度高于 80℃时，应采取相应的冲洗、过滤、冷却措施，各种辅助装置应参照机械密封有关标准选取。

10）安装时，在与密封相接触的表面应涂一层清洁的机械油，要特别注意机械油的选择对于不同的辅助密封材质，避免造成 O 形圈浸油膨胀或加速老化，造成密封提前失效。

（3）密封方式及相关知识　常见的密封方式及相关知识见表 3-5，图 3-26 至图 3-28 所示密封工作图形为静密封；图 3-29 至图 3-31 所示为动密封。

表 3-5　密封方式及相关知识

密封方式	使用条件		用　途	备　注
	往复运动	转动		
填料密封	良	良	泵、水轮机、阀、高压釜	可用缠绕填料、纺织填料或成形填料
O 形圈密封	良	可	活塞密封	可广泛用作静密封，此时耐久性良好
Y 形圈密封	优	×	活塞密封	有时作静密封
机械密封	×	优	泵、水轮机、高压釜、压气机、搅拌机	可用不同的材料组合，包括金属波纹管密封
油封	（可）	优	轴承密封	可与其他密封并用，防尘
分瓣滑环密封	可	良	水轮机、汽轮机	多用石墨作滑环
迷宫式密封	优	优	汽轮机、泵、压气机	往复用时，宜高速，低速不用
浮动环密封	可	良	泵、压气机	
离心密封和螺旋密封	×	优	泵	
磁流体密封	×	优	压气机	只用于气体介质

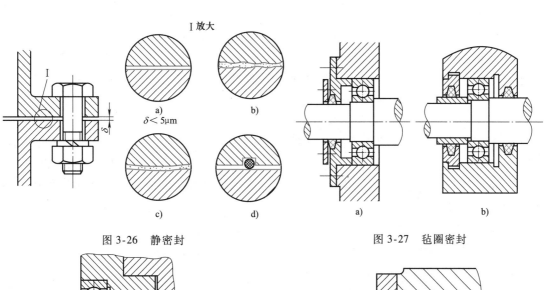

图 3-26　静密封

图 3-27　毡圈密封

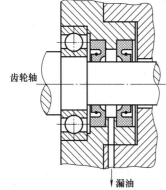

图 3-28　密封圈密封

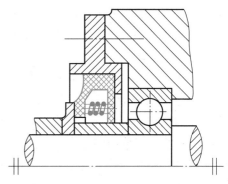

图 3-29　机械密封

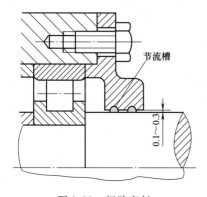

图 3-30　间隙密封

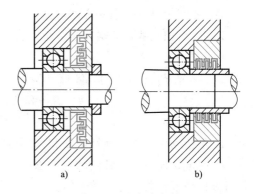

图 3-31　迷宫式密封

习题与思考

一、填空题

1. 生产中应用的带传动有_____、_____、_____、_____等，其中常用的有_____和_____。

2. V 带的工作截面形状为_____，平带的截面形状为_____。

3. 标准 V 带有 _____ 和 _____ 两种结构，两种结构均由 _____、_____、_____、_____ 组成，它们的区别在于 _____。

4. 国家标准中，按 V 带的截面尺寸分，V 带共有 _____ 等七种型号，其中传递的功率最小的是 _____ 型 V 带，生产中用得最多的型号是 _____。

5. V 带标记 B2240 的含义是 _____，此标记一般标注位置为 _____。

6. V 带传动与平带传动的工作原理都是依靠 _____，但前者与后者的不同之处是 _____，所以 V 带传动的传递能力比平带大。

7. 传动链有 _____ 链和 _____ 链两种类型。传递功率较大时，可选用多排链，其排数常为 _____。

8. 链传动的常用类型按用途分为 _____、_____ 和 _____。

9. 链传动的传动比一般控制在 _____ 范围内，推荐使用 _____。

10. 齿轮传动的传动比与两齿轮的齿数成 _____ 关系。

11. 齿轮传动按主从动轮轴线位置关系可分为 _____、_____ 和 _____ 三种。

12. 两齿轮啮合时，能保证 _____ 传动比恒定，所以传递运动准确可靠，_____ 性能高。

13. 齿轮传动的效率 _____，寿命 _____，传递功率 _____。

14. 斜齿轮传动适用于 _____、_____ 等场合。

15. 斜齿轮的参数有 _____ 向和 _____ 面之分，规定以 _____ 为标准值。

16. 蜗杆传动中的主平面是指 _____。

17. 通常情况下，蜗杆传动的主动件是 _____，一般多用 _____ 蜗杆。

18. 一对相互啮合的蜗杆与蜗轮的旋向 _____。

19. 摩擦的种类有 _____、_____、_____ 和 _____ 四种。

20. 润滑剂除了降低摩擦，减小磨损外，还起到 _____、_____，_____，_____、清污和密封等作用。

二、判断题

1. 带传动中产生的弹性滑动和打滑均可避免。　　　　　　　　　　　　　(　)

2. 一般情况下，大带轮的包角总比小带轮的包角大，故只要限制小带轮的包角大于等于 120°，平带传动就能正常工作。　　　　　　　　　　　　(　)

3. 由于传动带具有弹性且依靠摩擦力来传动，所以工作时存在弹性滑动，不能适用于要求传动比恒定的场合。　　　　　　　　　　　　　　(　)

4. V 带与平带都是环形的接头带。　　　　　　　　　　　　　　　　(　)

5. V 带传动的中心距可比平带传动大。　　　　　　　　　　　　　　(　)

6. V 带传动的平稳性比平带高。　　　　　　　　　　　　　　　　　(　)

7. 小型号 V 带弯曲性能好，所以在传递功率一定的情况下，选用 V 带的型号越小越利于传动。　　　　　　　　　　　　　　　　　　　　(　)

8. 正确的调整、使用和维护是保证 V 带传动正常工作和延长使用寿命的有效措施。 （ ）

9. V 带传动平稳，能缓冲、吸振，工作时不一定要安装安全防护罩。 （ ）

10. 齿形链具有传动比大、不易磨损、传动平稳、传动速度高、噪声小等特点。 （ ）

11. 链传动能在高速、重载和高温条件下及尘土飞扬的不良环境中工作，并能保证准确的瞬时传动比。 （ ）

12. 链传动的两链轮转速比与两链轮的直径成反比关系。 （ ）

13. 滚子链的接头形式有铰链带扣式、开口销式和过渡链节式。 （ ）

14. 齿轮传动与链传动均属啮合传动，都可保证瞬时传动比恒定。 （ ）

15. 大、小齿轮的齿数分别为 42 和 21，当两齿轮互相啮合传动时，大齿轮转速高，小齿轮转速低。 （ ）

16. 不同齿数和模数的各种标准渐开线齿轮分度圆上的压力角相等。 （ ）

17. 齿轮传动的瞬时传动比不变，其传动平稳性高。 （ ）

18. 斜齿轮传动与直齿轮传动比较，其突出的优点是重合度大，传动平稳。 （ ）

19. 螺旋角越大，斜齿轮传动越平稳。 （ ）

20. 斜齿轮可以当作滑移齿轮使用。 （ ）

21. 锥齿轮的轮齿从小端向大端逐渐增大，且各截面尺寸不相等。 （ ）

22. 蜗杆传动的自锁性是指此种传动的从动件一定是蜗轮。 （ ）

23. 蜗杆传动中，蜗杆轴线与蜗轮轴线垂直相交。 （ ）

24. 接触物体在接触表面间相对滑动时产生阻碍其发生相对滑动的切向阻力，这种现象称为磨损。 （ ）

25. 影响润滑油粘度的主要因素是温度。 （ ）

三、简答题

1. 普通 V 带传动的使用和维护要注意些什么？

2. 使用张紧轮张紧时，平带传动和 V 带传动张紧轮的安放位置有何区别？为什么？

3. 什么是齿轮传动？齿轮传动有哪些优缺点？对齿轮传动的基本要求是什么？

4. 什么是直齿锥齿轮？

5. 典型的磨损分哪三个阶段？

6. 机械密封的目的及常用密封方式有哪些？

单元四 常用工程材料

学习目标

1. 熟悉金属材料的分类方法。
2. 掌握常用碳素钢的牌号、性能和应用。
3. 了解合金钢的分类、牌号、性能和应用。
4. 了解铸铁的分类、牌号、性能和应用。
5. 了解非铁金属及其合金的规格、性能和用途。
6. 熟悉金属材料的力学性能。
7. 了解金属材料的工艺性能。
8. 了解通用塑料及工程塑料的基本性能和用途。

课题一 常用金属材料

工业的发展和科技的进步对工程材料性能的要求越来越高，其用量和品种规格也越来越多。金属材料是目前应用最广泛的工程材料，它包括纯金属及其合金。工业上把金属材料分为两大类：一类是钢铁材料，它是指铁、锰、铬及其合金，其中以铁为基体的合金（钢和铸铁）应用最广；另一类是非铁金属，是指除钢铁材料以外的所有金属及其合金。常用工程材料的分类如图 4-1 所示。

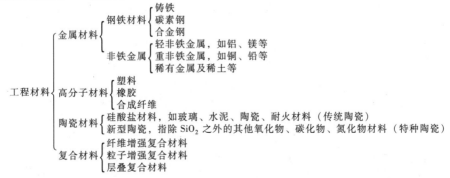

图 4-1 常用工程材料的分类

一、金属材料的主要性能

金属材料的性能包含使用性能和工艺性能两方面。使用性能是指金属材料在使用条件下所表现出来的性能，它包括物理性能（如密度、熔点、导热性、导电性、热膨胀性、磁性等）、化学性能（如耐蚀性、抗氧化性、化学稳定性等）、力学性能等。工艺性能是指在制造机械零件的过程中，材料适应各种冷、热加工和热处理的性能，包括铸造性能、锻造性能、焊接性能、冲压性能、切削加工性能和热处理工艺性能等。

1. 金属的力学性能

所谓力学性能是指金属材料在力或能量的作用下，所表现出来的性能。力学性能包括强度、塑性、硬度、冲击韧度及疲劳强度等，它反映了金属材料在各种外力作用下抵抗变形或破坏的某些能力，是选用金属材料的重要依据，而且和各种加工工艺也有密切关系。力学性能的基本指标及其含义见表4-1。具体参数的计算方法可查阅相关国家标准，如 GB/T 228—2002《金属材料　室温拉伸试验方法》，GB/T 231—2002《金属布氏硬度试验》等。

表4-1　常用的力学性能基本指标及其含义

力学性能	性能指标符号	名　称	单位	含　义
应力	R_m	抗拉强度	MPa	试样拉断前所能承受的最大应力
	R_e	屈服强度	MPa	拉伸过程中,载荷不增加(保持恒定)试样仍能继续伸长时的应力
塑性	A	断后伸长率		标距的伸长量与原始标距的百分比
	Z	断面收缩率		缩颈处横截面积的缩减量与原始横截面积的百分比
硬度	HBW	布氏硬度值		球形压痕单位面积上所承受的平均压力
	HR + 标尺	洛氏硬度值		用洛氏硬度相应 A、B、C、D、E、F、G、H、K、N、T 标尺测得的对应硬度值
	HV	维氏硬度值		正四棱锥形压痕单位表面积上所承受的平均压力
冲击韧度	a_K	冲击韧度	J/cm²	冲击试样缺口处单位横截面积上的冲击吸收功
疲劳强度	R_{-1}	疲劳极限	MPa	试样承受无数次(或给定次)对称循环应力仍不断裂的最大应力

2. 金属的工艺性能

工艺性能是指金属材料在加工过程中是否易于加工成形的能力，它包括铸造性能、锻造性能、焊接性能和切削加工性能等。工艺性能直接影响到零件的制造工艺和加工质量，是选材和制定零件工艺路线时必须考虑的因素之一。

（1）铸造性能　金属在铸造工艺中获得优良铸件的能力称为铸造性能。衡量铸造性能的主要指标有流动性、收缩性和偏析倾向等。金属材料中，灰铸铁和青铜的铸造性能较好。

① 流动性。熔融金属的流动能力称为流动性，它主要受金属化学成分和浇注温度等的影响。流动性好的金属容易充满铸型，从而获得外形完整、尺寸精确、轮廓清晰的铸件。

② 收缩性。铸件在凝固和冷却过程中，其体积和尺寸减小的现象称为收缩性。铸件收缩不仅影响尺寸精度，还会使铸件产生缩孔、疏松、内应力、变形和开裂等缺陷，故用于铸造的金属其收缩率越小越好。

③ 偏析倾向。金属凝固后，内部化学成分和组织的不均匀现象称为偏析。偏析严重时能使铸件各部分的力学性能有很大的差异，降低了铸件的质量。这对大型铸件的危害更大。

（2）锻造性能　用锻压成形方法获得优良锻件的难易程度称为锻造性能。锻造性能的好坏主要同金属的塑性和变形抗力有关，也与材料的成分和加工条件有很大关系。塑性越好，变形抗力越小，金属的锻造性能越好。例如黄铜和铝合金在室温状态下就有良好的锻造性能；碳钢在加热状态下锻造性能较好；铸铁、铸铝、青铜则几乎不能锻压。

（3）焊接性能　焊接性能是指金属材料对焊接加工的适应性，也就是在一定的焊接工艺条件下，获得优质焊接接头的难易程度。对碳素钢和低合金钢，焊接性能主要同金属材料的化学成分有关（其中碳的质量分数的影响最大），如低碳钢具有良好的焊接性能，高碳钢、不锈钢、铸铁的焊接性能较差。

（4）切削加工性能　金属材料的切削加工性能是指金属材料在切削加工时的难易程度。切削加工性能一般由工件切削后的表面粗糙度及刀具寿命等方面来衡量。影响切削加工性能的因素主要有工件的化学成分、组织状态、硬度、塑性、导热性和形变强化等。一般认为金属材料具有适当硬度（170～230HBW）和足够的脆性时较易切削，从材料的种类而言，铸铁、铜合金、铝合金及一般碳素钢都具有较好的切削加工性能。所以铸铁比钢切削加工性能好，一般碳素钢比高合金钢切削加工性能好。改变钢的化学成分和进行适当的热处理，是改善钢切削加工性能的重要途径。

二、常用钢铁材料的分类、标识及应用

1. 碳素钢的分类、标识及应用

碳的质量分数在 0.0218%～2.11% 之间，且不含有特意加入的合金元素的铁碳合金，称为碳素钢，简称碳钢。碳素钢冶炼方便、价格便宜，性能可满足一般工程构件、机械零件和工具的使用要求，因此得到广泛应用。

（1）碳素钢的分类　按照不同的分类标准，碳素钢有不同的分类方法。

按钢中碳的质量分数高低可将其分为：

1）低碳钢：$w_C \leqslant 0.25\%$。

2）中碳钢：w_C 为 $0.25\% \sim 0.60\%$。

3）高碳钢：$w_C \geqslant 0.60\%$。

按钢中有害元素硫、磷质量分数的多少划分，即按钢的质量分类：

1）普通碳素钢：$w_S \leqslant 0.050\%$，$w_P \leqslant 0.045\%$。

2）优质碳素钢：$w_S \leqslant 0.035\%$，$w_P \leqslant 0.035\%$。

3）高级优质碳素钢：$w_S \leqslant 0.025\%$，$w_P \leqslant 0.025\%$

按钢的用途分类：

1）碳素结构钢：用于制造各种机械零件和工程构件，碳的质量分数 w_C 小于 0.70%。

2）碳素工具钢：用于制造各种刀具、模具和量具等，碳的质量分数 w_C 为 0.7% 以上。

按冶炼时脱氧程度的不同分类：

1）沸腾钢（F）：脱氧程度不完全的钢。

2）镇静钢（Z）：脱氧程度完全的钢。

3）半镇静钢（b）：脱氧程度介于沸腾钢和镇静钢之间的钢。

（2）碳素钢的牌号及用途

1）碳素结构钢。碳素结构钢的牌号由代表屈服点的汉语拼音字母"Q"、屈服点数值、质量等级符号和脱氧方法符号四个部分按顺序组成。其中质量等级分 A、B、C、D 四种，A 级的硫、磷含量最多，D 级的硫、磷含量最少。脱氧方法符号用 F、b、Z、TZ 表示：F 表示沸腾钢，b表示半镇静钢，Z表示镇静钢，TZ表示特殊镇静钢。Z与TZ符号在钢号组成表示方法中可以省略。常用碳素结构钢的力学性能和应用举例见表4-2。

表4-2　常用碳素结构钢的力学性能和应用举例

钢号	质量等级	屈服强度 R_{eH}/MPa				抗拉强度 R_m /MPa	断后伸长率 A(%)				应用举例
		钢材厚度（直径）/mm					钢材厚度（直径）/mm				
		≤16	16～40	40～60	60～100		≤16	>16～40	>40～60	>60～100	
Q195	—	195	185	—	—	315～430	33	32	—	—	塑性好，有一定的强度，用于制造受力不大的零件，如螺钉、螺母、垫圈，以及焊接件、冲压件、桥梁建筑等金属结构件
Q215	A B	215	205	195	185	335～450	31	30	29	28	
Q235	A B C D	235	225	215	205	370～500	26	25	24	23	
Q255	A B	255	245	235	225	410～510	24	23	22	21	强度较高，用于制造承受中等载荷的零件，如小轴、销、连杆、农机零件等
Q275	—	275	265	255	245	490～610	20	19	18	17	

2）优质碳素结构钢。优质碳素结构钢的牌号用两位数字表示，这两位数字表示钢中平均碳的质量分数的万分数。例如"40"表示平均碳的质量分数 w_C 为0.40%的优质碳素结构钢。

根据钢中锰的质量分数不同，优质碳素结构钢分为普通含锰量钢（ w_{Mn} =0.35%～0.80%）和较高含锰量钢（ w_{Mn} =0.7%～1.2%）两组。较高含锰量钢在牌号后面标出元素符号"Mn"。例如，"65Mn"表示平均碳的质量分数 w_C 为0.65%，并含有较多锰的优质碳素结构钢。

若为沸腾钢或为了适应各种专门用途的专用钢，应在牌号后面标出相应的符号。例如，"08F"表示平均碳的质量分数 w_C 为0.08%的优质碳素结构钢，沸腾钢；"20g"表示平均碳的质量分数 w_C 为0.20%的优质碳素结构钢，锅炉用钢。常用优质碳素结构钢的主要性能及应用见表4-3。

表4-3　常用优质碳素结构钢的主要性能及应用

牌号（含碳量范围）	性　能	应　用
08～25	强度、硬度较低，塑性、韧性及焊接性良好	主要用于制作冲压件、焊接结构件及强度要求不高的机械零件及渗碳件，如压力容器、小轴、法兰盘、螺钉等
30～55	有较高的强度和硬度，切削性能良好，经调质处理后，能获得较好的综合力学性能	主要用于制作受力较大的机械零件，如曲轴、连杆、齿轮等
60以上	具有较高的强度、硬度和弹性，焊接性不好，切削性稍差，冷变形塑性差	主要用于制造具有较高强度、耐磨性和弹性的零件，如板簧和螺旋弹簧等弹性元件及耐磨零件

3）碳素工具钢。碳素工具钢都是高碳钢，是优质钢或高级优质钢。它主要用于制造刀具、模具和量具。由于大多数工具都要求高硬度和高耐磨性，故碳素工具钢的 w_C 在0.70%以上。

碳素工具钢的牌号以"碳"的汉语拼音字母字头"T"及阿拉伯数字表示。其数字表示钢中平均碳的质量分数的千分数，若为高级优质碳素工具钢，则在牌号后面标以字母A。例如，"T12"表示 w_C 为 1.2% 的碳素工具钢，"T10A"表示 w_C 为 1.0% 的高级优质碳素工具钢。

常用碳素工具钢的牌号、力学性能和用途见表 4-4。

表 4-4　常用碳素工具钢的牌号、力学性能和用途

牌号	硬度		用途
	退火后 HBW ≤	淬火后 HRC ≥	
T7、T7A	187	62	制造承受振动与冲击负荷并要求较高韧性的工具，如錾子、简单锻模、锤子等
T8、T8A	187	62	制造承受振动与冲击负荷并要求足够韧性和较高硬度的工具，如简单冲模、剪刀、木工工具等
T10、T10A	197	62	制造不受突然振动并要求在刃口上有少许韧性的工具，如丝锥、手用钢锯条、冲模等
T12、T12A	207	62	制造不受振动并要求高硬度的工具，如锉刀、刮刀、丝锥等

4）铸造碳钢。铸造碳钢用于制造形状复杂、力学性能要求较高的机械零件。铸造碳钢广泛用于制造重型机械的某些零件，如轧钢机机架、水压机横梁、锻锤和砧座等。这些零件形状复杂，很难用锻造或机械加工的方法制造，又由于力学性能要求较高，也不能用铸铁来铸造。铸造碳钢的碳的质量分数 w_C 一般在 0.20% ~ 0.60% 之间，若碳的质量分数过高，则塑性变差，铸造时易产生裂纹。

铸造碳钢的牌号是用"铸钢"两汉字的汉语拼音字母字头"ZG"及后面两组数字组成：第一组数字代表屈服点，第二组数字代表抗拉强度值。如 ZG230-450 表示屈服点不小于 230MPa，抗拉强度不小于 450MPa 的铸造碳钢，常用于制造钻座、外壳、轴承盖、底板、阀体等。

2. 合金钢的分类、标识及应用

合金钢就是在碳钢的基础上，为了改善钢的性能，如耐热、耐蚀、高磁性、无磁性、耐磨等，在冶炼时有目的地加入一种或数种合金元素而获得的钢。加入的合金元素有铬、镍、钼、钨、钒、钴、硼、铝、钛及稀土等合金元素。随着现代工业技术的发展，合金钢在机械制造业中获得了越来越广泛的应用。

（1）合金钢的分类　合金钢的分类方法很多，但最常用的是下面两种分类方法。

按合金元素总含量多少分类：

1）低合金钢：合金元素总的质量分数小于 5%。

2）中合金钢：合金元素总的质量分数为 5% ~ 10%。

3）高合金钢：合金元素总的质量分数大于 10%。

按用途分类：

1）合金结构钢：用于制造工程结构和机械零件的钢。

2）合金工具钢：用于制造各种量具、刀具、模具等的钢。

3）特殊性能钢：具有某些特殊物理、化学性能的钢，如不锈钢、耐热钢、耐磨钢等。

（2）合金钢的牌号及应用

1）合金结构钢的牌号及应用。合金结构钢的牌号采用两位数字 + 元素符号（或汉字）+

数字表示。前面两位数字表示钢中平均碳的质量分数 w_C 的万分数；元素符号（或汉字）表明钢中含有的主要合金元素；后面的数字表示该元素的质量分数。合金元素的质量分数小于 1.5% 时不标，平均质量分数为 1.5% ~ 2.5%，2.5% ~ 3.5%…时，则相应以 2、3…标出。

如 16Mn 表示 $w_C = 0.16\%$，主要合金元素为锰，锰的质量分数在 1.5% 以下的合金结构钢。

60Si2Mn 表示 $w_C = 0.60\%$，$w_{Si} = 2\%$，合金元素锰的质量分数小于 1.5% 的合金结构钢。

合金结构钢，按用途的不同，可以分为低合金结构钢和合金渗碳钢等。

① 低合金结构钢。低合金结构钢是在碳素结构钢的基础上，加入少量的合金元素（合金元素总的质量分数小于 3%）的工程用钢。低合金结构钢主要用于各种工程结构，如桥梁、建筑、船舶等。低合金高强度结构钢中碳的质量分数较低（一般在 0.10% ~ 0.25% 范围内），加入的主要合金元素是锰、钒、铌和钛等。

② 合金渗碳钢。合金渗碳钢中碳的质量分数在 0.10% ~ 0.25% 之间，心部有足够的塑性和韧性。加入铬、锰、镍、硼等合金元素可提高钢的淬透性，使零件在热处理后，表层和心部均得到强化；加入钒、钛等合金元素可细化晶粒，防止高温渗碳过程中晶粒长大。合金渗碳钢的热处理一般是渗碳后淬火、低温回火。

③ 合金调质钢。合金调质钢中碳的质量分数一般为 0.25% ~ 0.50%。碳的含量过低会造成硬度不足；碳的含量过高，则韧性不足。它既要求有很高的强度，又要有很好的塑性和韧性。调质处理后零件具有良好的综合力学性能，可用来制造一些受力复杂的重要零件。

④ 合金弹簧钢。合金弹簧钢中碳的质量分数一般为 0.45% ~ 0.70%。加入硅、锰主要是提高钢的淬透性，同时也提高钢的弹性极限。其中硅能显著提高钢的弹性极限，但硅的含量过高易使钢在加热时脱碳，锰的含量过高则钢易于过热，而且有更高的高温强度和韧性。60Si2Mn 是应用较广泛的合金弹簧钢。

⑤ 滚动轴承钢。滚动轴承钢应用最广的是高碳铬钢，$w_C = 0.95\% ~ 1.15\%$，$w_{Cr} = 0.40\% ~ 1.65\%$。加入合金元素铬是为了提高淬透性、提高钢的硬度、接触疲劳强度和耐磨性。制造大型轴承时，为了进一步提高淬透性，还可以加入硅、锰等元素。滚动轴承钢对有害元素、非金属夹杂物及杂质的限制极高，否则会降低轴承钢的力学性能。轴承钢都是高级优质钢。常用滚动轴承钢的牌号、化学成分及热处理见表 4-5。

表 4-5　常用滚动轴承钢的牌号、化学成分及热处理

牌号	化学成分, 质量分数（%）				热处理/℃		回火后硬度/HRC
	C	Cr	Si	Mn	淬火	回火	
GCr6	1.05 ~ 1.15	0.40 ~ 0.70	0.15 ~ 0.35	0.20 ~ 0.40	800 ~ 820（水、油）	150 ~ 170	62 ~ 64
GCr9	1.00 ~ 1.10	0.90 ~ 1.20	0.15 ~ 0.35	0.20 ~ 0.40	800 ~ 820（水、油）	150 ~ 170	62 ~ 66
GCr9SiMn	1.00 ~ 1.10	0.90 ~ 1.20	0.40 ~ 0.70	0.90 ~ 1.20	810 ~ 830（水、油）	150 ~ 160	62 ~ 64
GCr15	0.95 ~ 1.05	1.30 ~ 1.65	0.15 ~ 0.35	0.20 ~ 0.40	820 ~ 840（油）	150 ~ 160	62 ~ 64
GCr15SiMn	0.95 ~ 1.05	1.30 ~ 1.65	0.45 ~ 0.65	0.90 ~ 1.20	810 ~ 830（油）	150 ~ 200	61 ~ 65

2）合金工具钢的牌号及应用。合金工具钢的牌号采用一位数字＋元素符号（或汉字）＋数字表示。合金工具钢用一位数字表示平均碳的质量分数的千分数，当碳的质量分数大于或等于1.0%时，则不予标出，其余牌号表示方法同合金结构钢。

如9Mn2V表示$w_C = 0.90\%$，主要合金元素为锰，$w_{Mn} = 2\%$，钒的质量分数$w_V < 1.5\%$的合金工具钢。

Cr12MoV表示平均碳的质量分数大于或等于1.0%，主要合金元素为铬，$w_{Cr} = 12\%$，钼和钒的质量分数w_{Mo}、w_V均小于1.5%的合金工具钢。

高速钢平均碳的质量分数小于1.0%时，其碳的质量分数也不予标出。如W18Cr4V钢的平均含碳的质量分数为0.7%～0.8%，其碳的质量分数不予标出。

合金工具钢按用途可分为刃具钢、模具钢和量具钢。与碳素工具钢相比，合金工具钢具有更好的淬透性、耐磨性，且热处理变形小。因此，尺寸大、精度高和形状复杂的模具、量具，以及切削速度较高的刀具都应采用合金工具钢制造。

① 低合金刃具钢。低合金刃具钢是在碳素工具钢的基础上加入少量合金元素的钢。主要加入铬、锰、硅等元素，其目的是提高钢的淬透性及强度。加入钨、钒等强碳化物形成元素，可提高钢的硬度和耐磨性，防止加热时过热，保持晶粒细小。

低合金刃具钢主要应用于300℃以下、截面尺寸较大、形状复杂、低速切削的刃具及冷作模具和量具等。

9SiCr和CrWMn是常用的低合金刃具钢。

9SiCr有较高的淬透性和回火稳定性，热硬性可达300～350℃，主要用于制造变形小的细薄低速切削刀具，如丝锥、板牙、铰刀等。

CrWMn具有很高的硬度（64～66HRC）和耐磨性，其热处理后变形小，又称微变形钢，主要用来制造较精密的低速刀具，如长铰刀、拉刀等。

② 高速钢。高速钢是碳的质量分数较高（0.7%～1.50%）和大量的钨、铬、钒、钼等强碳化物形成元素的高合金工具钢，如W18Cr4V、W6Mo5Cr4V2。

高的含碳量可形成足够量的合金碳化物，使高速钢具有高的硬度和耐磨性；钨、钼可提高钢的热硬性；铬可提高钢的淬透性；钒能显著提高钢的硬度、耐磨性和热硬性，并能细化晶粒。高速钢是一种具有高热硬性、高耐磨性的高合金工具钢。

高速钢的热硬性高，过热和脱碳倾向小，但碳化物较粗大，韧性较差，主要用来制作中速切削刀具或结构复杂的低速切削刀具（如拉刀、齿轮刀具等）。

③ 合金量具钢。合金量具钢是用来制作各种量具（如游标卡尺、量规和样板）的钢。由于量具工作时受摩擦、磨损，所以量具的工作部分一般要求高硬度、高耐磨性及良好的尺寸稳定性。

制造量具常用的钢有碳素工具钢、合金工具钢和滚动轴承钢。精度要求较高的量具，一般均采用微变形合金工具钢制造，如GCr15、CrWMn、CrMn。

④ 模具钢。模具钢有冷作模具钢与热作模具钢之分。

冷作模具钢用于制造冷冲模、冷挤压模、拉丝模等，工作中要承受很大的压力、冲击载荷和强烈的摩擦。所以冷作模具钢应具有高的硬度、耐磨性、抗疲劳性和一定的韧性，大型模具还要求有良好的淬透性。

小型冷作模具若尺寸小、形状简单可采用T8、T10A等碳素工具钢制造；若形状复杂、要求淬火变形小时，应采用 9SiCr、CrWMn 等低合金刃具钢来制造。大型冷作模具一般采用 Cr12、Cr12MoV 等高碳高铬钢制造。这类钢具有高的硬度、强度和耐磨性。

热作模具是在高温下工作的，如热锻模、热挤压模和压铸模等。这些模具工作时承受很大的冲击力，因此要求热作模具钢具有高的热强性和热硬性、高温耐磨性和高的抗氧化性，以及较高的抗热疲劳性和导热性。

目前一般采用 5CrMnMo 和 5CrNiMo 钢制作热锻模，采用 3Cr2W8V 钢制作压铸模和热挤压模。

3）特殊性能钢的牌号及应用。特殊性能钢的牌号表示方法与合金工具钢相同。当碳的质量分数为 0.03% ~ 0.10% 时，用 0 表示；碳的质量分数小于或等于 0.03% 时，用 00 表示。

如 1Cr13 表示碳的质量分数为 0.10%，平均铬的质量分数为 13% 的不锈钢。0Cr18Ni9 平均碳的质量分数为 0.03% ~ 0.10%，00Cr30M02 的平均碳的质量分数小于 0.03%。

还有一些特殊专用钢，在钢的牌号前面冠以汉语拼音字母字头，表示钢的用途，而不标碳的质量分数，合金元素含量的标注也和上述有所不同。

例如，滚动轴承钢前面标"G"（"滚"字的汉语拼音字母字头），如 GCr15。应注意铬元素后面的数字是表示铬的质量分数的千分数为 1.5%，其他元素仍按百分数表示。

特殊性能钢是具有某些特殊物理、化学性能的钢。在机械制造业中常用的有不锈钢、耐热钢和耐磨钢等。

① 不锈钢。不锈钢有铬不锈钢和铬镍不锈钢两种。

铬不锈钢的铬使钢有良好的耐蚀性，而碳则保证钢有适当的强度。随着钢中碳的质量分数增加，钢的强度和硬度提高，而韧性和耐蚀性则下降。常用铬不锈钢的牌号有 1Cr13、2Cr13 和 3Cr13 等，通称 Cr13 型不锈钢。

碳的质量分数较低的 1Cr13 和 2Cr13，塑性和韧性很好，且具有良好的抗大气、海水等介质腐蚀的能力，适用于在腐蚀条件下工作、受冲击载荷的零件，如汽轮机叶片、水压机阀门等。其碳的质量分数为 0.1% ~ 0.4%，铬的质量分数为 12% ~ 13%。主要用于力学性能要求不高，耐蚀性要求较低的零件。

碳的质量分数较高的 3Cr13、3Cr13Mo、7Cr13 等，经淬火、低温回火后，得到马氏体组织，其硬度可达 50HRC 左右，用于制造弹簧、轴承、医疗器械及在弱腐蚀条件下工作且要求高强度的零件。

铬镍不锈钢的牌号有 0Cr18Ni9、1Cr18Ni9 等，这类钢碳的质量分数低，镍的质量分数高，经热处理后，呈单相奥氏体组织，无磁性，其耐蚀性、塑性和韧性均较 Cr13 型不锈钢好。

铬镍不锈钢主要用于制造在强腐蚀介质（硝酸、磷酸、有机酸及碱水溶液等）中工作的零件，如吸收塔壁、槽、管道及容器等。

② 耐热钢。耐热钢是在高温下具有高的抗氧化性能和较高强度的钢。耐热钢可分为抗氧化钢和热强钢两类。

抗氧化钢是在高温下有较好的抗氧化能力且具有一定强度的钢。抗氧化钢中加入的合金元素为铬、硅、铝等，它们在钢表面形成致密的、高熔点的、稳定的氧化膜，牢固地覆盖在钢的表面，使钢与高温氧化性气体隔绝，从而避免了钢的进一步氧化。这类钢主要用于制造长期在高温下工作，但强度要求不高的零件，如各种加热炉底板、渗碳处理用的渗碳箱等。常用的抗氧化钢有4Cr9Si2、1Cr13SiAl等。

热强钢是在高温下具有良好抗氧化能力，且有较高高温强度的钢。在钢中加入铬、钨、钼、钛、钒等合金元素，可提高钢的抗氧化能力和高温下的强度。常用的热强钢有15CrMo、4Cr14Ni14W2Mo等。15CrMo是典型的锅炉用钢，可以制造在300~500℃条件下长期工作的零件；4Cr14Ni14W2Mo可以制造在600℃以下工作的零件，如汽轮机叶片、大型发动机排气阀等。

③ 耐磨钢。耐磨钢应具有良好的韧性和耐磨性，主要用于承受严重摩擦和强烈冲击的零件，如车辆履带、破碎机颚板、挖掘机铲斗等。

牌号为ZGMn13的高锰钢，碳的质量分数为0.9%~1.4%，锰的质量分数为11%~14%，在热处理后具有单相奥氏体组织，是典型的耐磨钢。为了使高锰钢获得单相奥氏体组织，应进行"水韧处理"，即将钢加热到1000~1100℃，保温一定时间，使钢中碳化物全部溶解，然后迅速水淬，在室温下获得均匀单一的奥氏体组织。当在工作中受到强烈的冲击和压力而变形时，其表面会产生强烈的硬化使其硬度显著提高（50HRC以上），从而获得高的耐磨性，而心部仍保持高的塑性和韧性。

高锰钢极易产生加工硬化，切削加工困难，故高锰钢零件大多采用铸造成型。耐磨钢履带、火车分道叉就由高锰钢制造而成（如ZGMn13）。

3. 铸铁的分类、标识及应用

铸铁是碳的质量分数大于2.11%（一般为2.5%~4%）的铁碳合金。它是以铁、碳、硅为主要组成元素并比碳素钢含有更多的锰、硫、磷等杂质的多元合金。其生产工艺和设备简单，成本低，性能良好。与钢相比，其具有优良的铸造性能、切削加工性能、耐磨性、减震性和耐蚀性，并且价格较低，因此广泛应用于机械制造、石油化工、交通运输、基本建设及国防工业等方面。

（1）铸铁的分类 根据铸铁中石墨形态不同，铸铁可分为：

1）灰铸铁。铸铁中石墨呈片状存在。

2）可锻铸铁。铸铁中石墨呈团絮状存在。它是由一定成分的白口铸铁经高温长时间退火后获得的，其力学性能（特别是韧性和塑性）较灰铸铁高，故习惯上称为可锻铸铁。

3）球墨铸铁。铸铁中石墨呈球状存在。它是在铁液浇注前经球化处理后获得的。这类铸铁不仅力学性能比灰铸铁和可锻铸铁高，生产工艺比可锻铸铁简单，而且还可以通过热处理进一步提高其力学性能，所以在生产中的应用日益广泛。

（2）灰铸铁的牌号及应用 灰铸铁的牌号由HT+三位数字组成。其中"HT"是灰铸铁的汉语拼音缩写，数字代表铸铁的抗拉强度。如HT200表示最低抗拉强度为200MPa的灰铸铁。抗拉强度最小的灰铸铁是HT100，往上以50为间隔递增，最大为HT350。灰铸铁的牌号及用途见表4-6。

（3）可锻铸铁的牌号及用途 可锻铸铁的牌号中的"KT"表示"可铁"二字汉语拼音字头，"H"表示"黑心"，"Z"表示珠光体基体。牌号后面的两组数字分别表示最低抗拉强度和最低断后伸长率。

（4）球墨铸铁的牌号、性能及用途 球墨铸铁牌号中的"QT"表示"球铁"二字汉语拼音字头，"QT"后面的两组数字分别表示最低抗拉强度和最低断后伸长率。

表 4-6　灰铸铁的牌号及用途

牌号	R_m/MPa	用　途
HT100	100	低载荷和不重要零件，如盖、外罩、手轮、支架等
HT150	150	承受中等应力的零件，如底座、床身、工作台、阀体、管路附件及一般工作条件要求的零件
HT200	200	承受较大应力和较重要的零件，如气缸体、齿轮、机座、床身、活塞、齿轮箱、液压缸等
HT250	250	
HT300	300	床身导轨，车床、冲床等受力较大的床身、机座、主轴箱、卡盘、齿轮等，高压液压缸、泵体、阀体、衬套、凸轮，大型发动机的曲轴、气缸体、气缸盖等
HT350	350	

注：灰铸铁根据强度分级，一般采用 $\phi30\text{mm}$ 铸造试棒，切削加工后进行测定。

（5）蠕墨铸铁的牌号、性能及用途　蠕墨铸铁是近年来发展起来的一种新型工程材料，它是由铁液经变质处理和孕育处理随之冷却凝固后所获得的一种铸铁。

牌号中"RuT"是"蠕铁"两字汉语拼音的字头，在"RuT"后面的数字表示最低抗拉强度。

三、非铁金属材料简介

非铁金属是指除钢铁材料以外的所有金属及其合金，旧称有色金属。常用的非铁金属有铜及其合金、铝及其合金、钛及其合金、轴承合金等。

下面仅对机械制造业中常用的铜及铜合金、铝及铝合金以及硬质合金作简要的介绍，见表 4-7。

表 4-7　常用非铁金属的类型及用途

类型	名　称		牌号举例	用　途
纯铜	纯铜		T1、T2、T3（序号越大，纯度越低）	主要用作各种导电材料，在电气工业中可制造电刷、电线、电缆、发电机、变压器；在机械设备制造中可制散热器、冷却器等 主要特点是导电，导热性好，具有良好的耐蚀性和焊接性能
铜合金（常用的有黄铜、白铜、青铜）	普通黄铜（铜锌合金）		H62 H96	用于一般机械中的导管、冷凝管、散热片、销钉、螺母，以及导电零件等
	特殊黄铜（普通黄铜中加入铅、铝、锰等元素）		HSn90-1	用于汽车，拖拉机弹性导管及其他耐蚀零件
	青铜		QSn4-3	制作弹性元件及耐磨零件和抗磁零件等
			QBe2	制作弹性元件、耐磨零件和高速轴承等
铝	纯铝		1A99	有很好的导电性和导热性，强度低、塑性好、易加工，广泛用于航空、航天、电气工业和汽车等制造业及日常用品中
铝合金	铸造铝合金		ZAlSi12	主要用来制造一些形状复杂、承载不大、质量较轻，有一定耐蚀、耐热要求的铸件，不宜压力加工
	变形铝合金	防锈铝合金	5A05 3A21	用于制作焊接管道、容器、铆钉等
		硬铝合金	2A01 2A11 2A12	主要用于制造飞机的大梁、空气螺旋桨以及螺栓、铆钉等
		超硬铝合金	7A04 7A06	主要用于制造飞机上受力较大的结构零件，如飞机大梁、起落架等
硬质合金	钨钴类硬质合金		K	主要用于加工短铁屑的材料（脆性材料）
	钨钴钛类硬质合金		P	主要用于加工长铁屑的材料（塑性材料）
	通用类硬质合金		M	既可加工短铁屑材料，又可加工长铁屑材料

课题二　工程塑料

塑料在现代生活和生产中的应用越来越广泛，图4-2所示都是一些塑料制品。

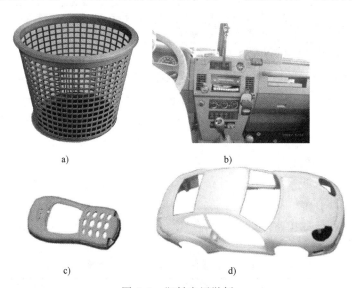

a)　　　　　　　　　　　　b)

c)　　　　　　　　　　　　d)

图4-2　塑料应用举例

a）塑料篓子　b）汽车驾驶室　c）手机壳　d）汽车塑料外壳

塑料是合成的高分子化合物，可以自由改变形体样式。塑料是利用单体原料以合成或缩合反应聚合而成的材料，由合成树脂及填料、增塑剂、稳定剂、润滑剂、着色剂等添加剂组成的，它的主要成分是合成树脂。

1. 塑料的分类

根据各种塑料不同的使用特性，通常将塑料分为通用塑料、工程塑料和特种塑料三种类型。

（1）通用塑料　一般是指产量大、用途广、成型性好、价格便宜的塑料。通用塑料有五大品种，即聚乙烯（PE）、聚丙烯（PP）、聚氯乙烯（PVC）、聚苯乙烯（PS）及丙烯腈-丁二烯-苯乙烯共聚合物（ABS）。

（2）工程塑料　一般指能承受一定外力作用，具有良好的力学性能和耐高、低温性能，尺寸稳定性较好，可以用作工程结构的塑料，如聚酰胺、聚砜等。

在工程塑料中又将其分为通用工程塑料和特种工程塑料两大类。

通用工程塑料包括：聚酰胺、聚甲醛、聚碳酸酯、改性聚苯醚、热塑性聚酯、超高相对分子质量聚乙烯、甲基戊烯聚合物、乙烯醇共聚物等。

特种工程塑料又有交联型的非交联型之分。交联型有：聚氨基双马来酰胺、聚三嗪、交联聚酰亚胺等。非交联型有：聚砜、聚醚砜、聚苯硫醚、聚酰亚胺、聚醚醚酮（PEEK）等。

（3）特种塑料　一般是指具有特种功能，可用于航空、航天等特殊应用领域的塑料。

如氟塑料和有机硅具有突出的耐高温、自润滑等特殊功用，增强塑料和泡沫塑料具有高强度、高缓冲性等特殊性能，这些塑料都属于特种塑料的范畴。

2. 塑料的特性

1）大多数塑料质轻，化学性稳定，不会锈蚀。

2）耐冲击性好。

3）具有较好的透明性和耐磨耗性。

4）绝缘性好，导热性低。

5）一般成型性、着色性好，加工成本低。

6）大部分塑料耐热性差，热膨胀率大，易燃烧。

7）尺寸稳定性差，容易变形。

8）多数塑料耐低温性差，低温下变脆。

9）容易老化。

10）某些塑料易溶于溶剂。

3. 塑料的应用

塑料已被广泛用于农业、工业、建筑、包装、国防尖端工业，以及人们日常生活等各个领域。

农业方面，大量塑料被用于制造地膜、育秧薄膜、大棚膜和排灌管道、渔网、养殖浮漂等。

工业方面，电气和电子工业广泛使用塑料制作绝缘材料和封装材料；在机械工业中用塑料制成传动齿轮、轴承、轴瓦及许多零部件，代替金属制品；在化学工业中用塑料制造管道、各种容器及其他耐蚀材料；在建筑工业中用于制造门窗、楼梯扶手、地板砖、天花板、隔热隔声板、壁纸、落水管件及坑管、装饰板和卫生洁具等。

在国防工业和尖端技术中，无论是常规武器、飞机、舰艇，还是火箭、导弹、人造卫星、宇宙飞船和原子能工业等，塑料都是不可缺少的材料。

在人们的日常生活中，塑料的应用更广泛，如市场上销售的塑料凉鞋、拖鞋、雨衣、手提包、儿童玩具、牙刷、肥皂盒、热水瓶壳等。目前，在各种家用电器，如电视机、电风扇、洗衣机、电冰箱等方面也获得了广泛的应用。

塑料作为一种新型包装材料，在包装领域中已获得广泛应用，例如，各种中空容器、注射容器（周转箱、集装箱、桶等）、包装薄膜、编织袋、瓦楞箱、泡沫塑料、捆扎绳和打包带等。

4. 常用塑料的性能与应用实例

塑料的类型很多，应用也极其广泛，本节以常用塑料及工程塑料为例介绍其性能及应用，具体内容见表4-8。

表4-8　典型塑料的性能及应用

名称	性　能	应　用
聚乙烯（PE）	HDPE有较好的热性能、电性能和力学性能，而LDPE和LLDPE有较好的柔韧性、冲击性能、成膜性等	LDPE和LLDPE主要用于包装用薄膜、农用薄膜、塑料改性等，而HDPE的用途比较广泛，薄膜、管材、注射日用品等多个领域
聚丙烯（PP）	聚丙烯的品种很多，品种主要有均聚聚丙烯（HOMOPP）、嵌段共聚聚丙烯（COPP）和无规共聚聚丙烯（RAPP）	均聚聚丙烯主要用在拉丝、纤维、注射、BOPP膜等领域；共聚聚丙烯主要应用于家用电器注射件、改性原料、日用注射产品、管材等；无规共聚聚丙烯主要用于透明制品、高性能产品、高性能管材等

（续）

名称	性能	应用
聚氯乙烯(PVC)	成本低廉,产品具有自阻燃的特性	在建筑领域里用途广泛,尤其是下水道管材、塑钢门窗、板材、人造皮革等应用最为广泛
聚苯乙烯(PS)	是一种透明的原材料	用于制造汽车灯罩、日用透明件、透明杯、罐等
ABS	是一种用途广泛的工程塑料,具有杰出的物理和热性能	广泛应用于家用电器、面板、面罩、组合件、配件等,尤其是家用电器,如洗衣机、空调、冰箱、电扇等,用量庞大。另外在塑料改性方面,用途也很广
苯乙烯丙烯腈共聚体(AS 或 SAN)	比聚苯乙烯有更高的冲击强度和优良的耐热性、耐油性、耐化学腐蚀性,如它能很好地耐某些使聚苯乙烯应力开裂的烃类,而弹性模量是现有热塑性塑料中较高的一种	广泛应用于制作耐油、耐热、耐化学药品的工业制品,以及仪表板、仪表框、罩壳、电池盒、接线盒、开关等
苯乙烯—丁二烯—丙烯腈共聚物(ABS)	具有"坚韧、质硬、刚性"的材料,具有较高冲击韧度和强度,尺寸稳定,耐化学性能及电性能良好,易于成形和机械加工等特点。此外,表面还可镀铬,成为塑料涂金属的一种常用材料。另外,ABS 与#372 有机玻璃接性良好,可作双色成型塑料	在机械工业系统中用来制造凸轮、齿轮、泵叶轮、轴承、电动机外壳、仪表壳、蓄电池箱、水箱外壳、手柄、冰箱衬里等,汽车工业中用来制热空气调节、管加热器等,还可供电视机、晶体管收音机制造外壳
聚碳酸酯(PC)	冲击强度特别突出,在一般热塑性树脂中是较优良的。弹性模量较高,受温度影响极小,耐热温度为 120℃,耐寒达 -100℃才发生脆化。尺寸稳定性高,耐腐蚀,耐磨性均良好。但存在着高温下对水的敏感性	用来制造齿轮、蜗杆、齿条、凸轮、心轴、轴承、垫圈、铆钉、泵叶轮、汽车汽化器部件、车灯灯罩、闪光灯灯罩、节流阀、润滑油输油管,各种外壳、容器、冷冻和冷却装置零件,电器接线板、线圈骨架、酸性蓄电池槽及高温透镜等

习题与思考

一、名词解释

① 钢铁材料　　② 非铁金属　　③ 碳素钢　　④ 合金钢

⑤ 结构钢　　⑥ 工具钢　　⑦ 耐热钢　　⑧ 灰铸铁

⑨ 可锻铸铁　　⑩ 球墨铸铁　　⑪ 金属的力学性能　　⑫ 硬度

⑬ 塑性　　⑭ 冲击韧度　　⑮ 抗拉强度　　⑯ 断后伸长率

⑰ 金属的工艺性能　　⑱ 塑料　　⑲ 工程塑料

二、填空题

1. 金属材料可分为_____和_____两类。

2. 钢铁材料是由_____、_____及 Si、Mn、S、P 等杂质元素组成的金属材料。

3. 根据钢液的脱氧程度不同,可分为_____钢、_____钢、_____钢和_____钢。

4. 碳素钢按钢的用途可分为_____、_____两类。

5. T12A 钢按用途分类属于_____钢,按碳的质量分数分类属于_____、按质量分类属于_____。

6. 45 钢按用途分类属于_____钢,按质量分类属于_____钢。

7. 合金钢按主要质量等级可分为_____钢和_____钢。

8. 钢的耐热性包括_____性和_____强度两个方面。

9. 高速钢刀具在切削温度达 600℃时，仍能保持_____和_____。

10. 铬不锈钢为了达到耐腐蚀的目的，其铬的质量分数必须大于_____。

11. 根据铸铁中碳的存在形式，铸铁分为_____、_____、_____、_____等。

12. 普通黄铜是_____、_____二元合金，在普通黄铜中再加入其他元素时称_____黄铜。

13. 纯铝具有_____小、_____低、良好的_____性和_____性，在大气中具有良好的_____性等特点。

14. 变形铝合金可分为_____铝、_____和_____铝。

15. 金属的性能分为_____性能和_____性能。

16. 金属的化学性能包括_____性、_____性和_____性等。

17. 洛氏硬度按选用的总试验力及压头类型的不同，使用的标尺有_____。

18. 填出下列力学性能指标的符号：屈服点_____、洛氏硬度 A 标尺_____、断后伸长率_____、断面收缩率_____、疲劳强度_____。

19. 金属材料的使用性能包括_____性能、_____性能和_____性能。

20. 塑料是由合成树脂及填料、_____、_____、_____、着色剂等添加剂组成的，它的主要成分是合成树脂。

21. 根据各种塑料不同的使用特性，通常将塑料分为_____、_____和特种塑料三种类型。

22. 塑料已被广泛用于农业、_____、_____、_____、_____以及人们日常生活等各个领域。

三、判断题

1. 一般地说，材料的硬度越高，耐磨性越好，则强度也越高。　　　　（　　）

2. 碳的质量分数对碳素钢力学性能的影响是：随着钢中碳的质量分数的增加，钢的硬度、强度增加，塑性、韧性下降。　　　　（　　）

3. 硫、磷是碳素钢中的有害杂质，前者使钢产生"热脆"，后者使钢产生"冷脆"，所以两者的含量在钢中应严格控制。

4. 用 65 钢制成的沙发弹簧，使用不久就失去弹性，是因为没有进行淬火、高温回火。
　　　　（　　）

5. 由于 T13 钢中碳的质量分数比 T8 钢高，故前者的强度比后者高。　　（　　）

6. GCr15 是滚动轴承钢，钢中含 Cr 的质量分数为 15%，主要是制造滚动轴承的内外圈。　　　　（　　）

7. 一般地说，材料的硬度越高，耐磨性越好，则强度也越高。　　（　　）

8. 可锻铸铁比灰铸铁有高得多的塑性，因而可以进行锻打。　　（　　）

9. 钨钛钴类硬质合金刀具适合加工脆性材料。　　（　　）

10. 为了防止环境污染，塑料不能作为包装材料使用。　　（　　）

四、综合题

1. 碳素工具钢的碳的质量分数不同，对其力学性能及应用有何影响？

2. 说明下列牌号属何类钢？其数字和符号各表示什么？

   Q235-A   45   T10A   20Cr   9CrSi   60Si2Mn   GCr15   1Cr13

   HT250   QT700-2   KTH330-08   KTZ450-06   RuT420

3. 高速钢有何性能特点？

4. 不锈钢和耐热钢有何性能特点？请举例说明其用途。

5. 什么是铸铁？它与钢相比有什么优点？

6. 通用塑料和工程塑料有哪些应用？

单元五 钳工基本技能

学习目标

1. 熟悉钳工工作场地的常用设备、工具，了解钳工的特点，掌握钳工的安全操作规程。

2. 了解常用量具的类型及长度单位，掌握游标卡尺、千分尺、角尺及游标万能角度尺的选用与维护方法。

3. 了解划线的种类，熟悉划线工具及其使用方法；掌握基本线条的划法，能进行一般零件的平面划线。

4. 能使用手锯或手持式电动切割机；掌握锯削板料、棒料及管料的方法和要领。

5. 了解锉刀的结构、分类和规格，会正确选用常用锉削工具、电动角向磨光机及抛光机等；掌握平面锉削的方法，会锉削简单平面立体。

6. 了解钻床、钻头的结构，会操作台钻和手电钻，熟练掌握钻头的装卸方法，能在工件上钻孔。

7. 了解攻螺纹工具的结构、性能，能正确使用攻螺纹工具，掌握攻螺纹的方法。

8. 了解钳工的基本工艺分析方法，能按图完成简单零件的钳工制作。

课题一 钳工入门

钳工大多是用手工工具并经常在台虎钳上进行手工操作的一个工种。一些采用机械方法不适宜或不能解决的加工，都可由钳工来完成。

随着机械工业的发展，钳工的工作范围越来越广泛，需要掌握的理论知识和操作技能也越来越复杂，于是产生了专业性的分工，以适应不同工作的需要。钳工一般分为普通钳工（模具钳工）、机修钳工和工具钳工等。

相关知识

一、钳工常用设备、工具及其功用

钳工常用的设备可分为：主要设备（钳台、台虎钳、砂轮机）、钻床、常用工具等。其图例、功用与相关知识分别见表5-1、表5-2、表5-3。

表 5-1 钳工主要设备简介

名 称	图 例	功用与相关知识
钳台	a) 长方形钳台 b) 六边形钳台	钳台也称钳工台或钳桌,主要用来安装台虎钳。台面一般为长方形、六边形等,其长、宽尺寸由工作需要确定,高度一般以 800 ~ 900mm 为宜
台虎钳	a) 固定式台虎钳　　　b) 回转式台虎钳 1—钳口　2—螺钉　3—螺母　4、12—手柄　5—夹紧盘 6—转盘座　7—固定钳身　8—挡圈　9—弹簧 10—活动钳身　11—丝杠	台虎钳是用来夹持工件的通用夹具。在钳台上安装台虎钳时,必须使固定钳身的钳口工作面处于钳台边缘之外,台虎钳必须牢固地固定在钳台上,两个固定螺钉必须扳紧
砂轮机		砂轮机主要是用来磨削各种刀具或工具的,如磨削錾子、钻头、刮刀、样冲、划针等,也可刃磨其他刀具

表5-2　钳工常用钻床

名　称	图　例	功用与相关知识
台式钻床		台钻转速高,使用灵活,效率高,适用于较小工件的钻孔。由于其最低转速较高,故不适宜进行锪孔和铰孔加工 钻孔时,扳动手柄使主轴上下移动,以实现进给和退刀。钻孔深度通过调节标尺杆上的螺母来控制。一般台钻有五挡不同的主轴转速,可通过安装在电动机主轴和钻床主轴上的一组V带轮来变换主轴转速
立式钻床		立式钻床适宜加工小批、单件的中型工件。由于主轴变速和进给量调整范围较大,因此可进行钻孔、锪孔、铰孔和攻螺纹等加工 通过操纵手柄,使进给变速箱沿立柱导轨上下移动,从而调节主轴至工作台的距离。摇动工作台手柄,也可使工作台沿立柱导轨上下移动,以适应不同尺寸的加工。在钻削大工件时,可将工作台拆除,将工件直接固定在底座上加工。最大钻孔直径有25mm、35mm、40mm、50mm等几种
摇臂钻床		摇臂钻床的主轴变速范围和进给量调整范围广,所以加工范围广泛,可用于钻孔、扩孔、锪孔、铰孔和攻螺纹等加工 摇臂钻床操作灵活省力,钻孔时,摇臂可沿立柱上下升降和绕立柱回转360°角。主轴变速箱可沿摇臂导轨作大范围移动,便于钻孔时找正钻头的加工位置。摇臂和主轴变速箱位置调整结束后,必须锁紧,防止钻孔时产生摇晃而发生事故。可在大型工件上钻孔或在同一工件上钻多孔,最大钻孔直径可达80mm

表5-3　钳工常用工具

名　称	图　例	功用与相关知识
锤子	锤头的形状	锤子是用来敲击的工具,有金属锤和非金属锤两种。常用金属锤有钢锤和铜锤两种,常用非金属锤有塑料锤、橡胶锤、木锤等。锤子的规格是以锤头的重量来表示的

（续）

名　称	图　例	功用与相关知识
螺钉旋具		其主要作用是旋紧或松退螺钉。常见的螺钉旋具有一字槽螺钉旋具、十字槽螺钉旋具和内六角花形螺钉旋具等
呆扳手		它主要用于旋紧或松退固定尺寸的螺栓或螺母。常见的呆扳手有单口扳手、梅花扳手、梅花开口扳手及开口扳手等。呆扳手的规格是以钳口开口的宽度标识的
活扳手		钳口的尺寸在一定的范围内可自由调整，用来旋紧或松退螺栓、螺母。活扳手的规格是以扳手全长尺寸标识的
管子钳		钳口有条状齿，常用于旋紧或松退圆管、磨损的螺母或螺栓。管子钳的规格是以扳手全长尺寸标识的
特殊扳手		为了某种目的而设计的扳手称为特殊扳手。常见的特殊扳手有六角扳手、T形夹头扳手、面扳手及扭力扳手等

（续）

名　称	图　例	功用与相关知识
夹持用手钳	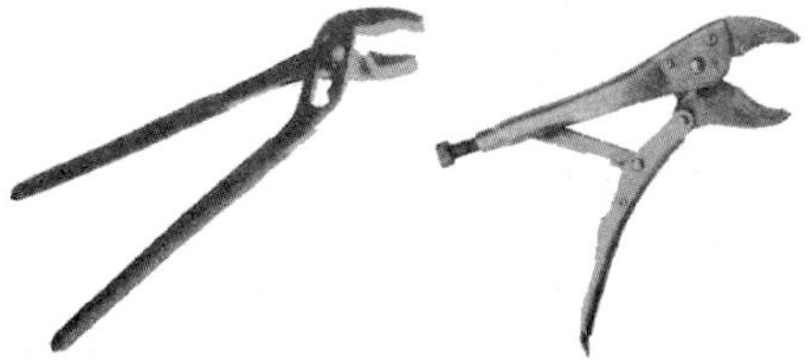	夹持用手钳的主要作用为夹持材料或工件
夹持剪断用手钳	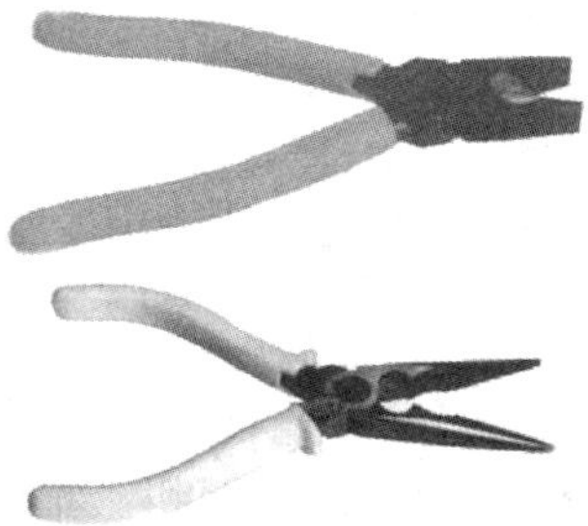	常见的夹持剪断用手钳有侧剪钳和尖嘴钳。夹持剪断用手钳的主要作用除可夹持材料或工件外，还可用来剪断小型物件，如钢丝、电线等
拆装扣环用卡环手钳	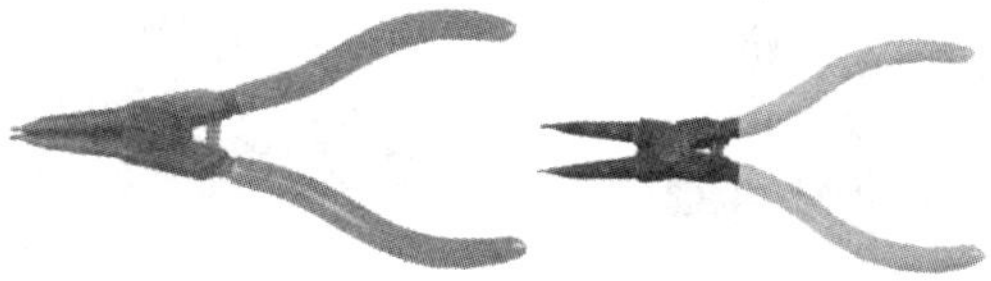	常用的有直轴用卡环手钳和套筒用卡环手钳。拆装扣环用卡环手钳的主要作用是装拆扣环，即可将扣环张开套入或移出环状凹槽
特殊手钳		常用的特殊手钳有剪切薄板、钢丝、电线的斜口钳；剥除电线外皮的剥皮钳；夹持扁物的扁嘴钳；夹持大型筒件的链管子钳等

二、钳工常用量具

1. 钳工常用量具的类型与功用

钳工基本操作中常用的量具有金属直尺、刀口形直尺、内外卡钳、游标卡尺、千分尺、直角尺、量角器、塞尺、量块、百分表等。

钳工常用量具的名称、图例与功用见表 5-4。

表 5-4　钳工常用量具

名　称	图　例	功　用
金属直尺	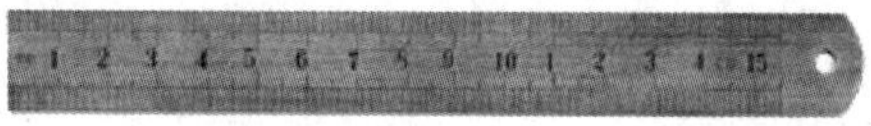	金属直尺是常用量具中最简单的一种，可用来测量工件的长度、宽度、高度和深度等。规格有 150mm、300mm、500mm 和 1000mm 四种

（续）

名　称	图　例	功　用
游标卡尺	a) 高度游标卡尺 b) 深度游标卡尺	游标卡尺是一种中等精密度的量具，可以直接测量出工件的外径、孔径、长度、宽度、深度和孔距等尺寸
千分尺	a) 外径千分尺　　b) 电子数显外径千分尺 c) 内测千分尺　　d) 深度千分尺	千分尺是一种精密量具，它的精度比游标卡尺高，而且比较灵敏。因此，一般用来测量精度要求较高的尺寸
百分表		百分表可用来检验机床精度和测量工件的尺寸、形状及位置误差等
游标万能角度尺		游标万能角度尺又称角度尺，是用来测量工件内外角度的量具。按游标的测量精度可分为 2′ 和 5′ 两种，其示值误差分别为 ±2′ 和 ±5′，测量范围是 0°～320°

（续）

名　称	图　例	功　用
量块	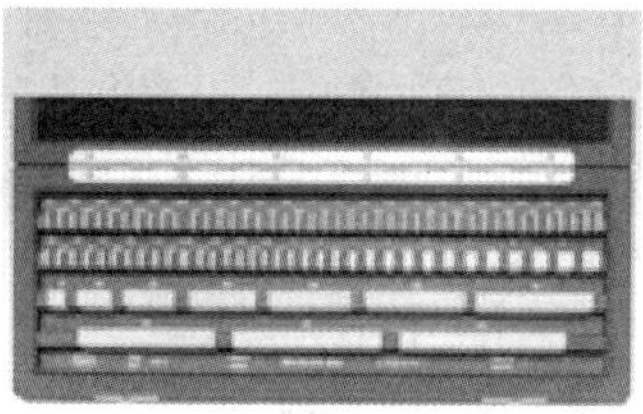	量块是机械制造业中长度尺寸的标准。量块可对量具和量仪进行校正检验，也可以用于精密划线和精密机床的调整，量块与有关附件并用时，可以用于测量某些精度要求高的尺寸
塞尺		塞尺（又称为厚薄规或间隙片）是用来检验两个结合面之间间隙大小的片状量规
直角尺	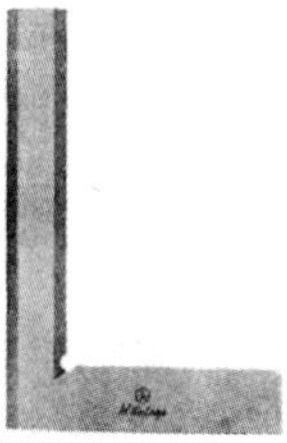	常用的有刀口形角尺和宽座角尺等。它可用来检验零部件的垂直度及用作划线的辅助工具
刀口形直尺		刀口形直尺主要用于检验工件的直线度和平面度误差

2. 典型量具的刻线原理和读数方法

钳工加工产品的品质测量常用的量具有游标卡尺、千分尺、游标万能角度尺等。其刻线原理和读数方法见表 5-5。

表 5-5　钳工典型量具的刻线原理和读数方法

名　称	图　例	刻线原理	读数方法
游标卡尺	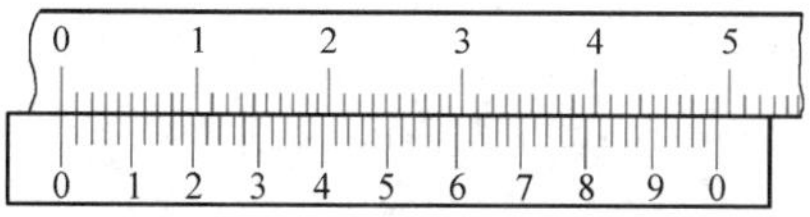 a) 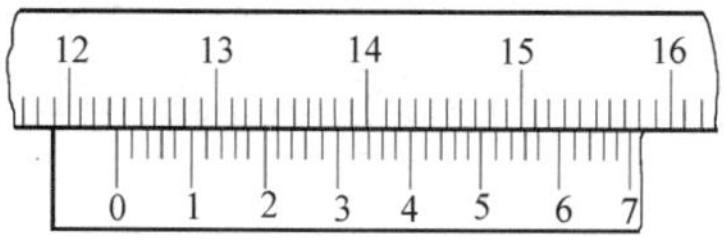 图例游标卡尺的读数为：123.22mm b)	游标卡尺有 0.10mm、0.05mm、0.02mm 3 种精度。常用精度为 0.02mm 的游标卡尺，其刻线原理如下： 　如图 a 所示，主尺每小格 1mm，当两爪合并时，游标上的 50 格刚好等于主尺上的 49mm，则游标每格间距 =49mm÷50 = 0.98mm 　主尺每格间距与游标每格间距相差 = 1mm − 0.98mm = 0.02mm。此差值为 0.02mm，即游标卡尺的测量精度	1. 读出游标上零线在主尺上的毫米数 2. 读出游标上哪一条刻线与主尺对齐 3. 把主尺和游标上的两尺寸加起来，即为测量尺寸

（续）

名　　称	图　　例	刻线原理	读数方法
千分尺	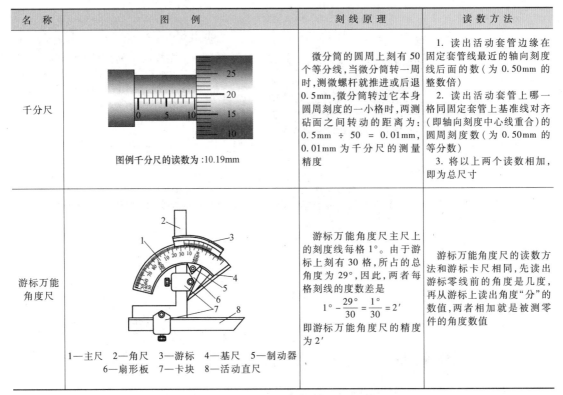 图例千分尺的读数为：10.19mm	微分筒的圆周上刻有50个等分线，当微分筒转一周时，测微螺杆就推进或后退0.5mm，微分筒转过它本身圆周刻度的一小格时，两测砧面之间转动的距离为：0.5mm ÷ 50 = 0.01mm，0.01mm 为千分尺的测量精度	1. 读出活动套管边缘在固定套管线最近的轴向刻度线后面的数（为 0.50mm 的整数倍） 2. 读出活动套管上哪一格同固定套管上基准线对齐（即轴向刻度中心线重合）的圆周刻度数（为 0.50mm 的等分数） 3. 将以上两个读数相加，即为总尺寸
游标万能角度尺	1—主尺　2—角尺　3—游标　4—基尺　5—制动器 6—扇形板　7—卡块　8—活动直尺	游标万能角度尺主尺上的刻度线每格1°。由于游标上刻有30格，所占的总角度为29°，因此，两者每格刻线的度数差是 $1° - \dfrac{29°}{30} = \dfrac{1°}{30} = 2'$ 即游标万能角度尺的精度为2′	游标万能角度尺的读数方法和游标卡尺相同，先读出游标零线前的角度是几度，再从游标上读出角度"分"的数值，两者相加就是被测零件的角度数值

3. 常用量具的正确使用和维护

正确选择量具，并使用量具进行技术参数的测量，以及学会保养量具，可延长量具的使用寿命，是每个工程技术人员必备的基本功，所以必须做到：

1）爱护使用和合理选用量具，要选用相应精度的量具进行测量。

2）严禁把标准量具作一般量具使用。

3）严防温差对量具的影响，尽量缩小因热胀冷缩产生的测量误差。

4）量具不应放在灰尘、油腻的地方，以免污物侵入量具内，降低测量精度。

5）千分尺、游标卡尺不用时，测量基准面要脱离。

6）严禁量具作动态测量，以免出现事故和量具损坏。

7）当发现量具失准，缺附件或损坏时，要及时送去计量检测部门检修。

8）量具用完后，擦拭干净，放在量具盒内。

三、钳工安全生产操作规程

1. 设备操作安全规则

（1）台虎钳的安全操作注意事项

1）夹紧工件时只允许依靠手的力量扳紧手柄，不能用锤子敲击手柄或随意套上长管子扳手柄，以免丝杠、螺母或钳身因受力过大而损坏。

2）强力作业时，应尽量使力朝向固定钳身，否则丝杠和螺母会因受到较大的力而导致螺纹损坏。

3）不要在活动钳身的光滑平面上敲击工件，以免降低它与固定钳身的配合性能。

4）丝杠、螺母和其他活动表面都应保持清洁并经常加油润滑和防锈，以延长使用寿命。

（2）砂轮机的安全操作注意事项　砂轮机主要由砂轮、机架和电动机组成。工作时，砂轮的转速很高，很容易因系统不平衡而造成砂轮机的振动，因此要做好平衡调整工作，使其在工作中平稳旋转。由于砂轮质硬且脆，如使用不当，容易产生砂轮碎裂而造成事故。因此，使用砂轮机时要严格遵守以下的安全操作注意事项：

1）砂轮的旋转方向要正确，要使磨屑向下飞离，不致伤人。

2）砂轮机起动后，要等砂轮转速平稳后再开始磨削。若发现砂轮跳动明显，应及时停机修整。

3）砂轮机的搁架与砂轮间的距离应保持在 3mm 以内，以防磨削件轧入，造成事故。

4）在磨削过程中，操作者应站在砂轮的侧面或斜侧面，不要站在正对面。

2. 常用工具操作安全规则

（1）使用锤子时的注意事项

1）精制工件表面或硬化处理后的工件表面，应使用软面锤，以避免损伤工件表面。

2）使用锤子前应仔细检查锤头与锤柄是否紧密连接，以免使用时锤头与锤柄脱离，造成意外事故。

3）锤子锤头边缘若有毛边，应先磨除，以免破裂时造成伤害。使用锤子时应配合工作性质，合理选择锤子的材质、规格和形状。

（2）使用螺钉旋具时的注意事项

1）应根据螺钉的槽宽选用旋具，大小不合适的旋具非但无法承受旋转力，而且也容易损伤钉槽。

2）不可将螺钉旋具当作錾子、杠杆或划线工具使用。

（3）使用扳手时的注意事项

1）根据工作性质选用适当的扳手，尽量使用呆扳手，少用活扳手。

2）各种扳手的钳口宽度与钳柄长度有一定的比例，故不可加套管或用不正当的方法延长钳柄的长度，以增加使用时的扭力。

3）选用呆扳手时，钳口宽度应与螺母宽度相当，以免损伤螺母。

4）使用活扳手时，应向活动钳口方向旋转，使固定钳口受主要的力。

5）扳手钳口若有损伤，应及时更换，以保证安全。

（4）使用钳子时的注意事项

1）钳子主要是用来夹持或弯曲工件的，不可当锤子或螺钉旋具使用。

2）侧剪钳、斜口钳只可剪细的金属线或薄的金属板。

3）应根据工作性质合理选用钳子。

3. 操作人员安全职责

1）在设备使用与维修的过程中，必须制订相应的安全措施。首先检查电源、气源是否被断开。如果设备与动力线之间的连接未切断，务必停止工作。必要时，在电源、气源的开关处挂"不准合闸"或"不准开气"等警示牌。

2）操作前，应根据所用工具的需要，穿戴必要的劳保防护用品，同时遵守相关的规定。如使用电动工具时，需要穿戴绝缘手套和胶鞋；使用手持照明灯时，其工作电压应低于 36V。

3）多人、多层作业时，要做到统一指挥、密切配合、动作协调，同时也要注意安全。

4）拆卸下来的零部件应尽量摆放在一起，并按相关规定摆放，不要乱丢乱放。

5）起吊和搬运重物时，应严格遵守起重工安全操作规程。

6）高处作业必须佩戴安全帽，系好安全带，不准上下投递工具或零件。

7）试车前，应检查电源的接法是否正确；各部分的手柄、行程开关、撞块等是否灵敏可靠；传动系统的安全防护装置是否齐全；确认无误后，方可开车运转。

8）机械设备运转时，不得用身体任何部位触及运动部件或进行调整；必须待停稳后，才可进行检查和调整。

课题二　平面划线

划线图样如图 5-1 所示。要正确划线，必须掌握划线的相关知识。

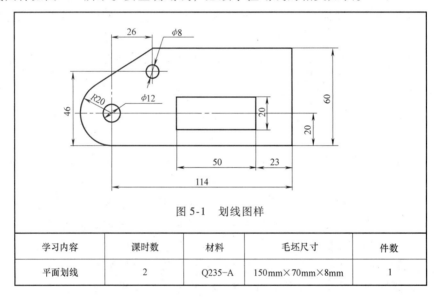

图 5-1　划线图样

学习内容	课时数	材料	毛坯尺寸	件数
平面划线	2	Q235-A	150mm×70mm×8mm	1

相关知识

一、常用的划线工具及其使用

常用划线工具及使用常识见表 5-6。

表 5-6　常用划线工具及使用常识

名　称	图　例	使用常识
划线平台		划线平台又称平板，是用来安放工件和划线工具，并在其工作表面上完成划线过程的基准工具

（续）

名　称	图　例	使用常识
划线方箱		方箱通常带有 V 形槽并附有夹持装置,用于夹持尺寸较小而加工面较多的工件。通过翻转方箱,能实现一次安装后在几个表面划线的工作
V 形铁		V 形铁主要用于安放轴、套筒等圆形工件,以确定中心并划出中心线
垫铁		垫铁是用来支持、垫平和升高毛坯工件的工具,常用斜垫铁对工件的高低作少量调节
直角铁		直角铁有两个经精加工的互相垂直的平面,其上的孔或槽用于固定工件时穿压板螺钉
千斤顶		千斤顶用于支承较大的或形状不规则的工件,常三个一组使用,其高度可以调节,便于找正
划针		划针用来在工件上划线条,一般用 $\phi3 \sim \phi4$mm 的弹簧钢丝或高速钢制成,尖端磨成 $15° \sim 20°$ 的尖角,经淬火处理
划线盘		划线盘用于在划线平台上对工件进行划线或找正工件位置。使用时一般用划针的直头端划线,弯头端用于对工件的找正

（续）

名　称	图　例	使 用 常 识
划规	a) 普通划规　b) 扇形划规　c) 弹簧划规 锁紧螺钉 滑杆　针尖　针尖　划规脚	划规用于划圆和圆弧线、等分线段、量取尺寸等
直角尺		直角尺既可作为划垂直线及平行线的导向工具，又可找正工件在划线平板上的垂直位置，检查两垂直面的垂直度或单个平面的平面度
样冲	60°	样冲用于在工件所划线条上打样冲眼，作为加强界限标志和划圆弧或钻孔时的定位中心

二、划线操作要领

划线前，首先要看懂图样和工艺要求，明确划线任务，检验毛坯和工件是否合格；然后对划线部位进行清理、涂色，确定划线基准，选择划线工具进行划线。

1. 划线前的准备

划线前的准备包括对工件或毛坯进行清理、涂色及在工件孔中装中心塞块等。

常用的涂料有石灰水和蓝油。石灰水用于铸件毛坯表面的涂色。蓝油是由质量分数为2%～4%的龙胆紫、3%～5%的虫胶和91%～95%的酒精配制而成的，主要用于已加工表面的涂色。

2. 确定划线基准

所谓基准，即工件上用来确定其他点、线、面位置的依据（点、线、面）。划线基准确定的原则如下：

1）划线基准应与设计基准一致，并且划线时必须先从基准线开始。

2）若工件上有已加工表面，则应以已加工表面为划线基准。

3）若工件为毛坯，则应选重要孔的中心线等为划线基准。

4）若毛坯上无重要孔，则应选较平整的大平面为划线基准。

常用的划线基准有三种，如图5-2所示。

1）以两个相互垂直的平面为基准。

2）以一个平面与一条中心线为基准。

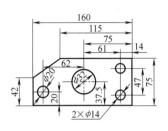 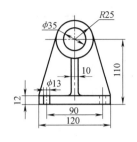 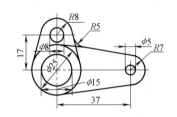

图 5-2　划线基准类型

3）以两条相互垂直的中心线为基准。

3. 划线前的找正与借料

找正就是利用划线工具，通过调节支撑工具，使工件有关的毛坯表面都处于合适的位置。找正时应注意的事项是：

1）当毛坯工件上有不加工表面时，应按不加工表面找正后再划线，这样可使加工表面与不加工表面之间的尺寸均匀。注意：当工件上有两个以上不加工表面时，应选择重要的或较大的不加工表面作为找正依据，并兼顾其他不加工表面，这样不仅可以使划线后的加工表面与不加工表面之间的尺寸比较均匀，而且可以使误差集中到次要或不明显的部位。

2）当工件上没有不加工表面时，可通过对各待加工的表面自身位置的找正后再划线。这样可以使各待加工表面的加工余量均匀分布，避免加工余量相差悬殊，有的过多，有的过少。

当毛坯的尺寸、形状或位置误差和缺陷难以用找正划线的方法得以补救时，就需要利用借料的方法来解决。借料就是通过试划和调整，使各待加工表面的余量互相借用，合理分配，从而保证各待加工表面都有足够的加工余量，使误差和缺陷在加工后便可排除。

借料时，首先应确定毛坯的误差程度，从而决定借料的方向和大小；然后从基准开始逐一划线。若发现某一待加工表面的余量不足时，应再次借料，重新划线，直至各待加工表面都有允许的最小加工余量为止。

三、划线操作方法

划平行线、划垂直线、划圆弧线（求圆心）的方法分别见表 5-7 ~ 表 5-9。

表 5-7　划平行线的方法

主要方法		练习要领	示意图
方法一	用金属直尺或金属直尺与划规配合划平行线	划已知直线的平行线时，用金属直尺或划规按两线距离在不同两处的同侧划一短直线或弧线，再用金属直尺将两直线相连，或作两弧线的切线，即得平行线	a) 用金属直尺划平行线　　b) 用划规与金属直尺配合划平行线

（续）

主要方法		练习要领	示意图
方法二	用单脚规划平行线	用单脚规的一脚靠住工件已知直边，在工件直边的两端以相同距离用另一脚各划一短线，再用金属直尺连接两短线即成	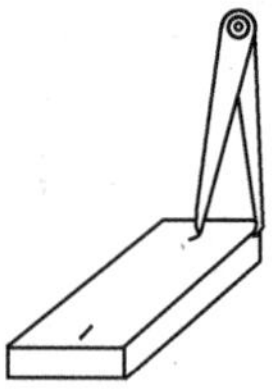
方法三	用金属直尺与直角尺配合划平行线	用钢直尺与直角尺配合划平行线时，为防止钢直尺松动，常用夹头夹住钢直尺。当钢直尺与工件表面能较好地贴合时，可不用夹头	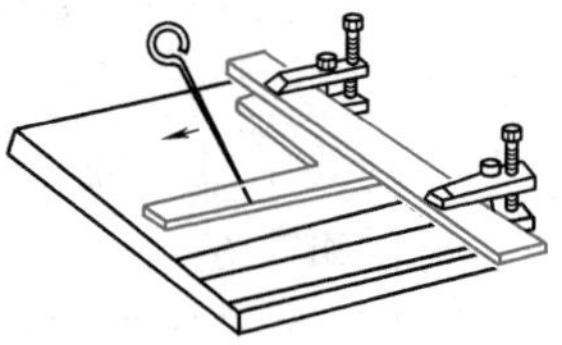
方法四	用划线盘或高度游标卡尺划平行线	若工件可垂直放在划线平台上，可用划线盘或高度游标卡尺度量尺寸后，沿平台移动，划出平行线	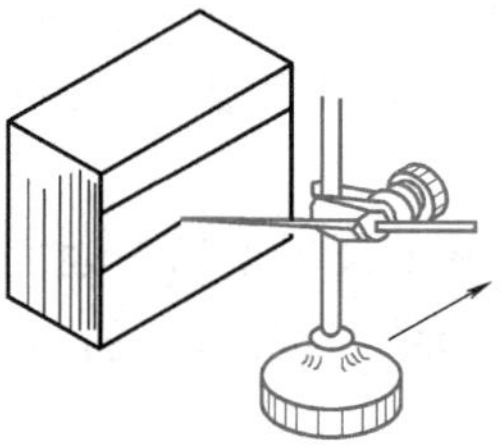 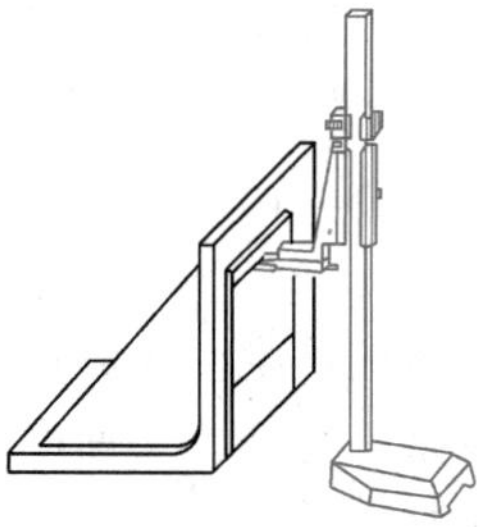

表 5-8　划垂直线的方法

主要方法		练习要领	示意图
方法一	用直角尺划垂直线	直角尺的一边对准或紧靠工件已知边，划针沿尺的另一边垂直划出的线即为所需垂直线	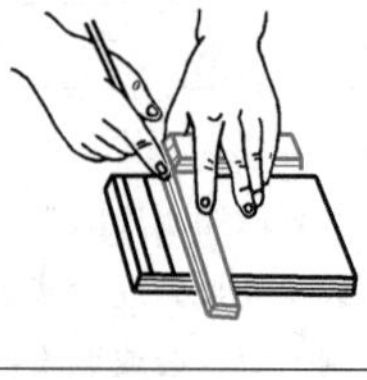
方法二	用划线盘或高度游标卡尺划垂直线	先将工件和已知直线调整到垂直位置，再用划线盘或高度游标卡尺划出已知直线的垂直线	见表 5-7 方法四的示意图

划圆弧线前要先划中心线，确定中心点，在中心点打样冲眼，然后用划规以一定的半径划圆弧。求圆心的方法见表 5-9。

表 5-9　求圆心的方法

主要方法		练习要领	示意图
方法一	单脚规求圆心	将单脚规两脚尖的距离调到大于或等于圆的半径，然后把划规的一只脚靠在工件侧面，用左手大拇指顶住，划规另一脚在圆心附近划一小段圆弧，如右图 b 所示。划出一段圆弧后再转动工件，每转 1/4 周就依次划出一段圆弧，如右图 b 所示。当划出第四段后，就可在四段弧的包围圈内由目测确定圆心位置，如右图 c 所示。	
方法二	用划线盘求圆心	把工件放在 V 形铁上，将划针尖调到略高或略低于工件圆心的高度，左手按住工件，右手移动划线盘，使划针在工件端面上划出一短线。再依次转动工件，每转过 1/4 周，便划一短线，共划出 4 根短线，再在这个"#"形线内目测出圆心位置	

四、划线注意事项

1）为熟悉图形的作图方法，练习前可先做一次纸上练习。

2）必须正确掌握划线工具的使用方法，根据图样要求选择合适的划线工具。

3）针尖要保持尖锐，划线要尽量一次完成。

4）保证划线尺寸的准确性，线条要细而清晰，确保样冲眼位置的准确。

5）工具摆放要合理，工件划线后，必须仔细复检校对。

6）划线结束后要把平台表面擦净，上油防锈。

操作步骤

1）认真分析解读图 5-1，选择划线工具，制订划线工艺路线，选定划线基准。

2）对划线表面涂色。

3）划水平基准线；划尺寸 20mm、46mm、60mm、30mm（20mm＋10mm）、10mm（20mm－10mm）水平线。

4）划垂直基准线；划尺寸 23mm、50mm、114mm、26mm 垂直线。

5）对圆心进行冲点；划 ϕ8mm、ϕ12mm 圆，划 R20mm 圆弧，划斜线与 R20mm 圆弧相切。

6）对切点、交点、所有的已划线进行冲点。

效果评价

平面划线评分表见表 5-10。

表 5-10　平面划线评分表

类型	项次	项目与技术要求	配分	评 定 方 法	实测记录	得分
过程评价40%	1	能熟练识读加工图样	10	满分 10 分		
	2	能正确制订平面划线的工艺路线	10	每错一项扣 2 分		
	3	能正确选用相关划线工具	5	每选错一样扣 1 分		
	4	操作熟练、姿势正确	5	发现一项不正确扣 2 分		
	5	安全文明生产、劳动纪律执行情况	10	违者扣 10 分		
加工质量评价60%	1	基准的选择	10	基准选择不当扣 10 分		
	2	涂色情况	4	薄而均匀得分		
	3	线条清晰无重线	10	线条不清晰或有重线每处扣 3 分		
	4	尺寸及线条位置偏差	14	大于 ±0.5mm 每一处扣 2 分		
	5	斜线、圆弧连接	14	连接不光滑每处扣 2 分		
	6	检验样冲眼分布合理	8	分布不合理每处扣 2 分		

课题三　锯　　削

锯削图样如图 5-3 所示。

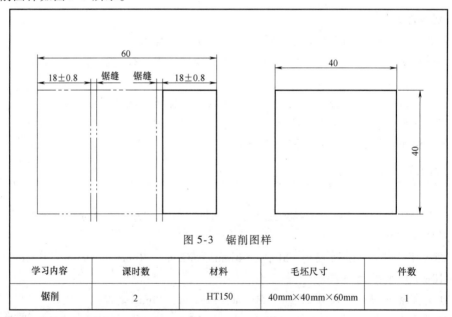

图 5-3　锯削图样

学习内容	课时数	材料	毛坯尺寸	件数
锯削	2	HT150	40mm×40mm×60mm	1

相关知识

　　锯削是指用手锯对材料或工件进行分割或锯槽等的加工方法。锯削适宜于对较小材料或工件的加工，如图 5-4 所示。

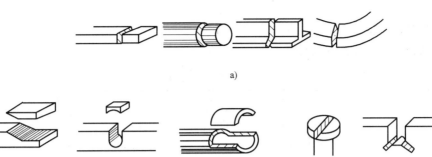

a)

b)　　　　　　　　　　　　　　　　　　c)

图 5-4　锯削的工作范围

a）锯断材料　b）锯掉工件上的多余部分　c）在工件上锯槽

一、锯削工具及其选用

常用锯削工具的功用及相关知识见表 5-11。

表 5-11　常用锯削工具的功用及相关知识

名　称	图　例	功用及相关知识
锯弓	a) 固定式 b) 可调式	锯弓的作用是张紧锯条，且便于双手操持。有固定式和可调节式两种，一般都选用可调节式锯弓，这种锯架分为前、后两段。前段套在后段内可伸缩，故能安装几种长度规格的锯条，灵活性好，因此得到广泛应用 两种锯弓各有一个夹头。夹头上的销子插入锯条的安装孔后，可通过旋转翼形螺母来调节锯条的张紧程度
锯条	γ_0 β_0 δ α_0 β_0 δ S α_0	锯条安装时应使锯齿方向与切削方向一致 锯条是用来直接锯削材料或工件的刃具，其规格是以两端安装孔的中心距来表示的。常用的锯条规格是 300mm，其宽度为 10~25mm，厚度为 0.6~1.25mm 锯条的切削部分由许多均布的锯齿组成。常用的锯条后角 $\alpha_0=40°$，楔角 $\beta_0=50°$，前角 $\gamma_0=0°$，如左图所示。制成这一后角和楔角的目的，是为使切削部分具有足够的容屑空间和使锯齿具有一定的强度，以便获得较高的工作效率
手持式电动切割机		利用在高速旋转的主轴前端部安装超薄的外圆刀刃切割刀片，对被加工物进行切割或开槽 配备双重绝缘电动机，头壳齿轮箱接地，防止意外的人身触电伤害。双动作开关，能防止不经意间起动机器。配备了软起动开关，能降低对电网的冲击，同时能防止由于猛烈的冲击致使机器脱手的危险。电子调速线路板能提供由于工作条件的不同而需要的不同的转速

二、锯削动作要领

锯削动作要领及起锯方法见表 5-12。

表 5-12　锯削动作要领及起锯方法

内　容	说　明	动作要领	示　意　图
锯削姿势及锯削运动	正确的锯削姿势能减轻疲劳,提高工作效率	1. 握锯时,要自然舒展,右手握手柄,左手轻扶锯弓前端 2. 锯削时,夹持工件的台虎钳高度要适合锯削时的用力需要,如右图 a 所示,即从操作者的下颚到钳口的距离以一拳一肘的高度为宜 3. 锯削时右腿伸直,左腿弯曲,身体向前倾斜,重心落在左脚上,两脚站稳不动,靠左膝的屈伸使身体作往复摆动,即起锯时,身体稍向前倾,与竖直方向约成 10°角左右,此时右肘尽量向后收,如右图 b 所示。随着推锯的行程增大,身体逐渐向前倾斜。行程达 2/3 时,身体倾斜约 18°角左右,左、右臂均向前伸出,如右图 c、d 所示。当锯削最后 1/3 行程时,用手腕推进锯弓,身体随着锯的反作用力退回到 15°角位置,如右图 e 所示。锯削行程结束后,取消压力,将手和身体都退回到最初位置 4. 锯削速度以每分钟 20～40 次为宜。速度过快,易使锯条发热,磨损加重。速度过慢,又直接影响锯削效率。一般锯削软材料可快些,锯削硬材料可慢些。必要时可用切削液对锯条冷却润滑 5. 锯削时,不要仅使用锯条的中间部分,而应尽量在全长度范围内使用。为避免局部磨损,一般应使锯条的行程不小于锯条长的 2/3,以延长锯条的使用寿命 6. 锯削时的锯弓运动形式有两种:一种是直线运动,适用于锯薄形工件和直槽;另一种是摆动,即在前进时,右手下压而左手上提,操作自然省力。锯断材料时,一般采用摆动式运动 7. 锯弓前进时,一般需加不大的压力,而后拉时不加压力	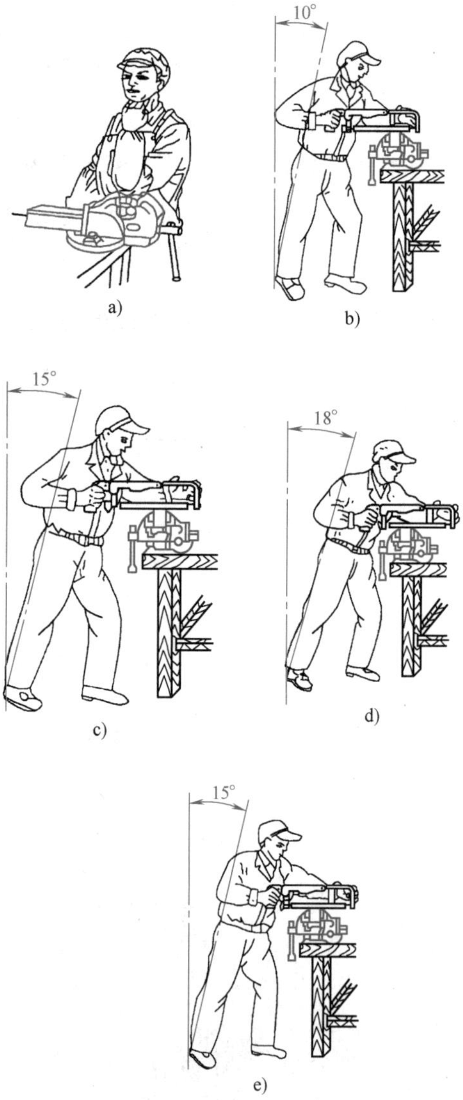

（续）

内　容	说　明	动作要领	示　意　图
起锯方法	**远起锯** 它是指从工件远离操作者的一端起锯。此时锯条逐步切入材料，不易被卡住。一般应采用远起锯的方法	1. 无论用哪一种起锯方法，起锯角度都要小些，一般不大于15°，如右图 c 所示。 2. 如果起锯角太大，锯齿易被工件的棱边卡住，如图 d 所示。 3. 如果起锯角太小，会由于同时与工件接触的齿数多而不易切入材料，锯条还可能打滑，使锯缝发生偏离，工件表面被拉出多道锯痕而影响表面质量，如右图 e 所示。 4. 为了使起锯平稳，位置准确，可用左手大拇指定锯条位置，如右图 f 所示。起锯时要压力小，行程短	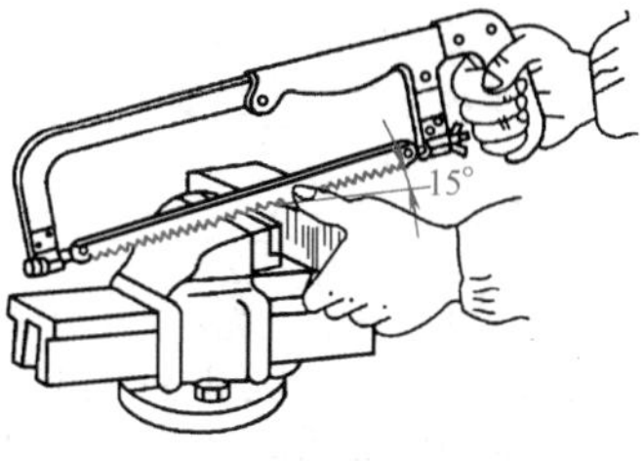 a) 远起锯 b) 近起锯 c)　　　　d) e)　　　　f) 锯条
	近起锯 它是指从工件靠近操作者的一端起锯。如果这种方法掌握不好，锯齿会一下子切入较深，而易被棱边卡住，使锯条崩裂		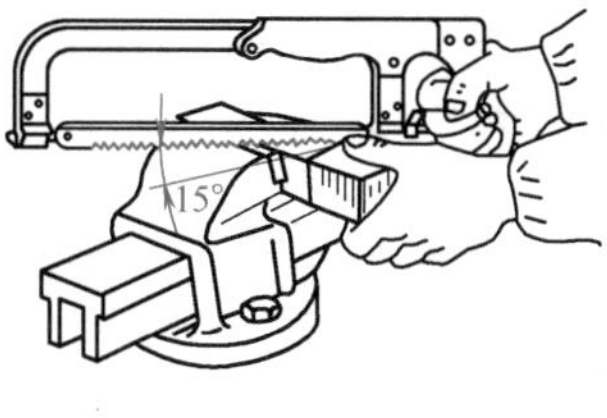 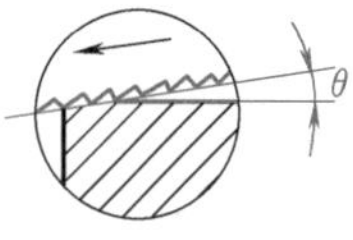 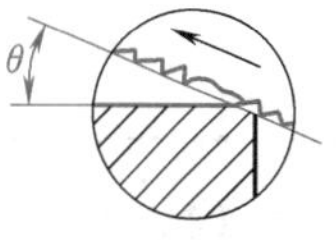 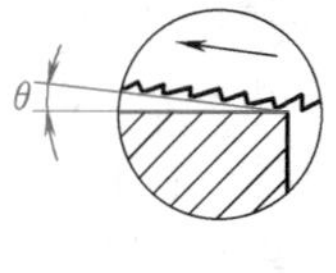 
锯路	锯齿按一定的规律左右错开，排列成一定形状。锯路有交叉形（右图 a）和波浪形（右图 b）等	减少锯缝两侧面对锯条的摩擦阻力，避免锯条被夹住或折断	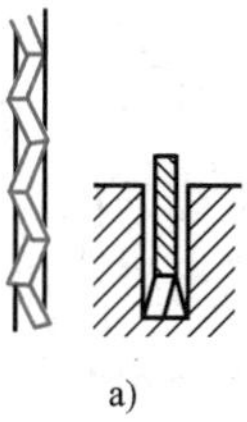 a) 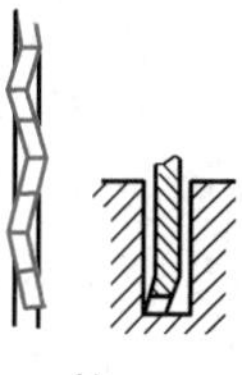　　　　b)

三、不同材料的锯削方法

各种材料的锯削方法见表 5-13。

表 5-13　各种材料的锯削方法

材 料	动 作 要 领	示 意 图
棒料	若要求锯削断面平整，则应从开始起连续锯到结束。若断面要求不高时，可分几个方向锯下，锯到一定程度，用锤子将棒料击断	
管子	锯削薄壁管时，应先在一个方向锯到管子内壁处，然后把管子向推锯的方向转过一定角度，并连接原锯缝再锯到管子的内壁处，如此不断，直到锯断为止	
深缝锯削	当锯缝深度超过锯弓高度时，可将锯条转过90°，重新装夹后再锯	a)　　　　b)
薄板	可将薄板夹在两木块之间进行锯削，或将手锯作横向斜推锯	薄板　木块

四、锯削注意事项

1）锯削前，注意工件的夹持及锯条锯齿方向的安装要正确。

2）起锯时，起锯角大小要正确，锯削时的摆动姿势要自然。

3）随时注意控制好锯缝的平直，及时借正。

4）掌握可能引起锯条折断的以下原因：

① 工件未夹紧，锯削时工件有松动。

② 锯条装得过松或过紧。

③ 锯削压力太大或锯削方向突然偏离锯缝方向。

④ 强行纠正歪斜的锯缝，或调换新锯条后仍在原锯缝过猛地锯下。

⑤ 锯削时锯条中间局部磨损，当拉长锯削时锯条被卡住引起折断。

⑥ 中途停止使用时，手锯未从工件中取出而碰断。

5）掌握锯缝歪斜可能产生的以下原因：

① 工件安装时，锯缝线未能与铅垂线方向保持一致。

② 锯条安装太松或相对锯弓平面扭曲。

③ 锯削压力太大而使锯条左右偏摆。

④ 锯弓未扶正或用力歪斜。

操作步骤

1）认真分析解读如图5-4所示的图形，选择锯削工具，制订锯削工艺路线。

2）检查备料尺寸并划一端 18mm 锯削加工线。

3）装夹工件，所划线应伸出钳口 20mm 左右。

4）从所划线的外侧起锯，将材料锯断。

5）参照上述 2）、3）、4）的步骤完成另一锯缝的锯削。

效果评价

锯削质量评分表见表 5-14。

表 5-14　锯削质量评分表

类型	项次	项目与技术要求	配分	评定方法	实测记录	得分
过程评价 40%	1	能熟练识读锯削加工的图样	10	满分 10 分		
	2	能正确制订锯削工艺路线	10	每错一项扣 2 分		
	3	能正确选用锯削用工、量、刃具	5	每选错一样扣 1 分		
	4	锯削姿势正确	5	发现一项不正确扣 2 分		
	5	安全文明生产、劳动纪律执行情况	10	违者扣 10 分		
加工质量评价 60%	1	装夹是否正确	5	不正确不得分		
	2	位置是否正确，起锯角大小是否合适	15	位置偏差大于 1mm 扣 5 分，起锯角太大或太小扣 5 分		
	3	（18±0.8）mm（2 处）	20	尺寸超差每处扣 10 分		
	4	平面度（2 处）锯削断面纹路整齐	20	不整齐，平面度误差过大不得分		

课题四　锉　　削

平面锉削图样如图 5-5 所示。

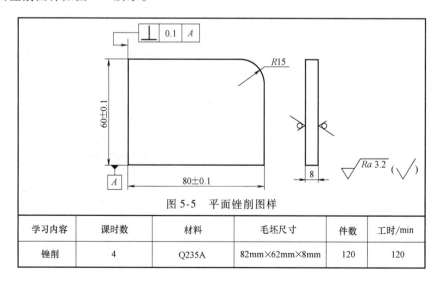

图 5-5　平面锉削图样

学习内容	课时数	材料	毛坯尺寸	件数	工时/min
锉削	4	Q235A	82mm×62mm×8mm	120	120

相关知识

锉削的应用范围很广,可以锉削平面、曲面、外表面、内孔、沟槽和各种复杂表面,还可以配键、做样板及在装配中修整工件,它是钳工常用的操作之一。

一、锉削刀具及其选用

1. 锉刀

锉刀是用高碳工具钢 T13 或 T12 制成,经热处理后切削部分硬度达到 62 ~ 72HRC。锉刀的相关基础常识见表 5-15。

表 5-15 锉刀的基础常识

内 容	相 关 知 识	图例及有关参数
锉刀的构造及各部分名称	锉刀由手柄与锉身组成	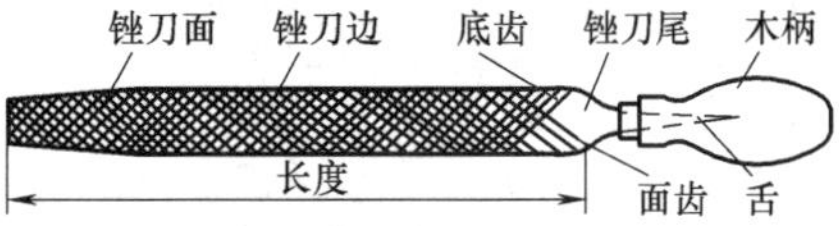 锉刀面 锉刀边 底齿 锉刀尾 木柄 长度 面齿 舌
锉刀的类型	按锉刀的用途不同,可分为钳工锉、异形锉和整形锉,如右图所示	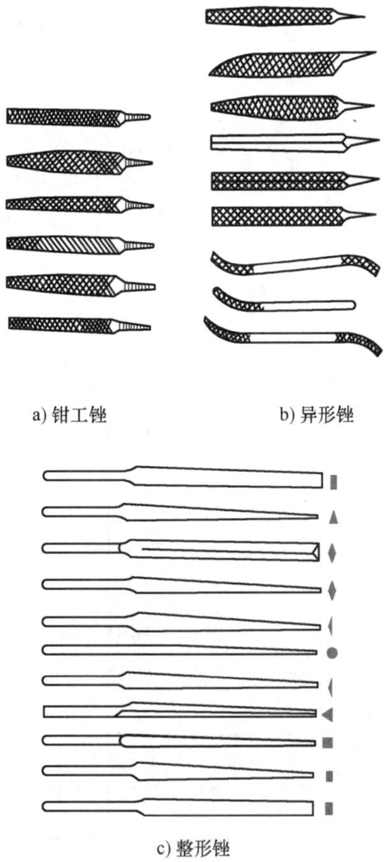 a) 钳工锉　　b) 异形锉 c) 整形锉

（续）

内　容	相关知识	图例及有关参数
锉刀的断面形状	钳工锉按锉身处的断面形状不同，又可分为扁锉、半圆锉、三角锉、方锉、圆锉等。其断面形状如右图 a～e 所示。 异形锉用于加工特殊表面。按其断面形状不同，又可分为菱形锉、单面三角锉、刀形锉、双半圆锉、椭圆锉、圆边扁锉、棱边锉等。其断面形状如右图 f～l 所示。	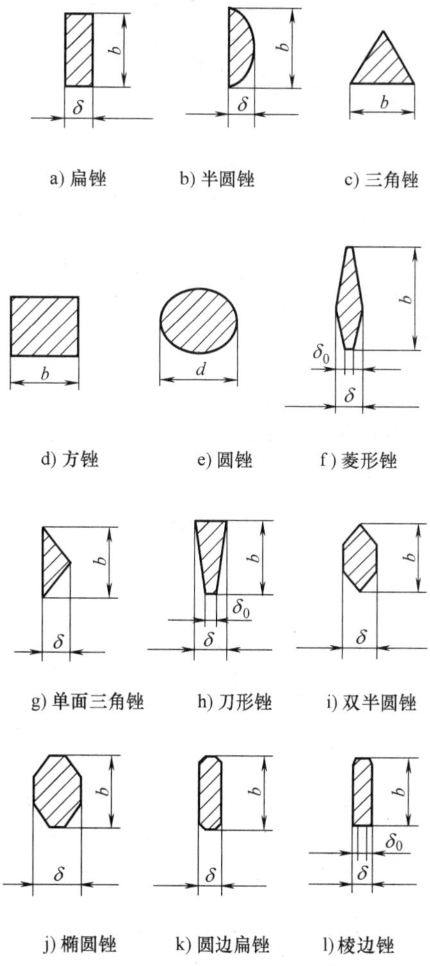 a) 扁锉　　b) 半圆锉　　c) 三角锉 d) 方锉　　e) 圆锉　　f) 菱形锉 g) 单面三角锉　　h) 刀形锉　　i) 双半圆锉 j) 椭圆锉　　k) 圆边扁锉　　l) 棱边锉
锉刀的规格	钳工锉的规格是指锉身的长度；异形锉和整形锉的规格指锉刀全长	钳工锉的长度规格有 100mm、125mm、150mm、200mm、250mm、300mm、350mm、400mm、450mm。异形锉的长度规格为 170mm。整形锉的长度规格有 100mm、120mm、140mm、160mm、180mm
锉纹的主要参数	锉纹号是表示锉齿粗细的参数，按每 10mm 轴向长度内主锉纹条数划分	钳工的锉纹号共分 5 种，分别为 1～5 号，锉齿的齿高不应小于主锉纹法向齿距的 45% 异形锉、整形锉的锉纹号共分 10 种，分别为 00、0、1、…、7、8 号，锉齿的齿高应不小于主锉纹法向齿距的 40%，而在距锉刀梢端 10mm 长度内齿高不小于 30%；用切齿法制成的锉刀齿高小于主锉纹法向齿距的 30%

2. 锉刀的选择

每种锉刀都有它适当的用途，如果选择不当，就不能发挥它的效能，甚至会过早地丧失切削性能。因此，锉削之前要正确选择锉刀。

锉刀的断面形状和长度应根据被锉削工件的表面形状和大小选用。锉刀的形状应适应工件加工的表面形状，如图5-6所示。

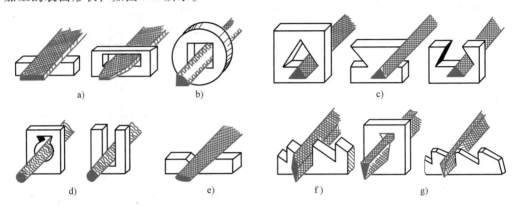

图5-6　不同加工表面使用的锉刀

锉刀粗细规格的选择，决定于工件材料的性质、加工余量的大小、加工精度的高低和表面粗糙度值要求的大小。

各规格锉刀适宜的加工余量及能达到的尺寸精度和表面粗糙度见表5-16。

表5-16　各规格锉刀的适用场合

锉　　刀	适　用　场　合		
	加工余量/mm	尺寸精度/mm	表面粗糙度/μm
1 号（粗锉）	0.5 ~ 1	0.2 ~ 0.5	$Ra100 ~ 25$
2 号（中锉）	0.2 ~ 0.5	0.05 ~ 0.2	$Ra12.5 ~ 6.3$
3 号（细锉）	0.1 ~ 0.3	0.02 ~ 0.05	$Ra12.5 ~ 3.2$
4 号（双细齿锉）	0.1 ~ 0.2	0.01 ~ 0.02	$Ra6.3 ~ 1.6$
5 号（油光锉）	0.1 以下	0.01	$Ra1.6 ~ 0.8$

二、锉削操作要领

锉刀握法及操作说明见表5-17。锉削加工的方法及其动作要领见表5-18。电动角向磨光机及抛光机的使用说明见表5-19。

表5-17　锉刀握法及操作说明

内　容	操作示意图	操作说明
锉刀握法		板锉握法：右手紧握锉刀柄，柄端抵在拇指根部的手掌上，大拇指放在锉刀柄上部，其余手指握住锉刀柄；左手将拇指肌肉压在锉刀头上，拇指自然伸直，其余四指弯向手心，用中指、无名指捏住锉刀前端。右手推动锉刀，左手协同右手使锉刀保持平衡

表 5-18　锉削加工的方法及其动作要领

内　容	操作示意图	操作说明
站立姿势	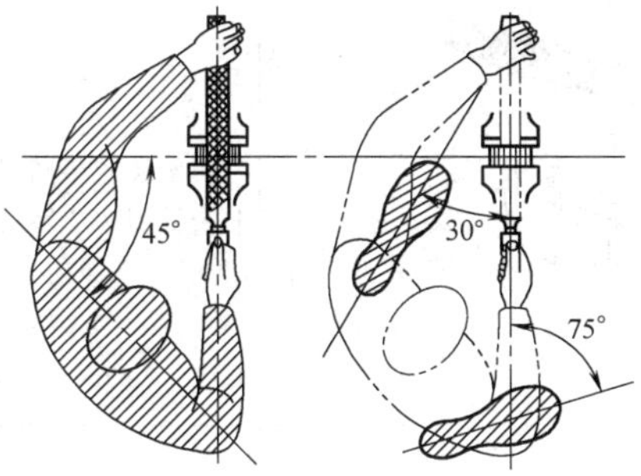	左臂弯曲,小臂与工件锉削面的左右方向基本平行,右小臂与工件锉削面的前后方向保持平行
锉削动作	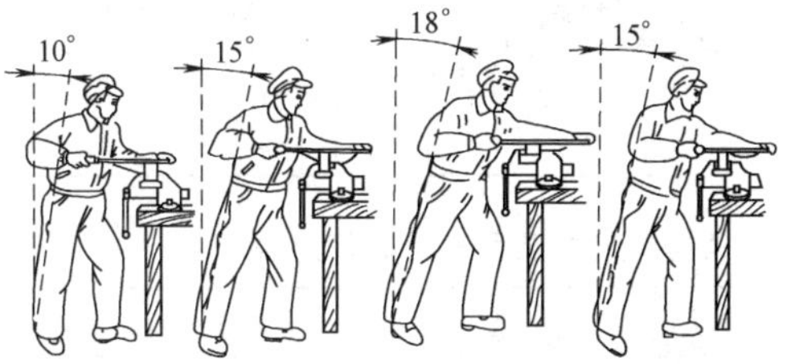	开始锉削时身体略前倾;锉削时身体先于锉刀一起向前,右脚伸直,左膝呈弯曲状,重心在左脚;当锉刀锉至行程将结束时,两臂继续将锉刀锉完行程,同时,左腿自然伸直,顺势将锉刀收回,身体重心后移,当锉刀收回即将结束,身体又先于锉刀前倾,作第二次锉削运动
锉削时的两手用力方法	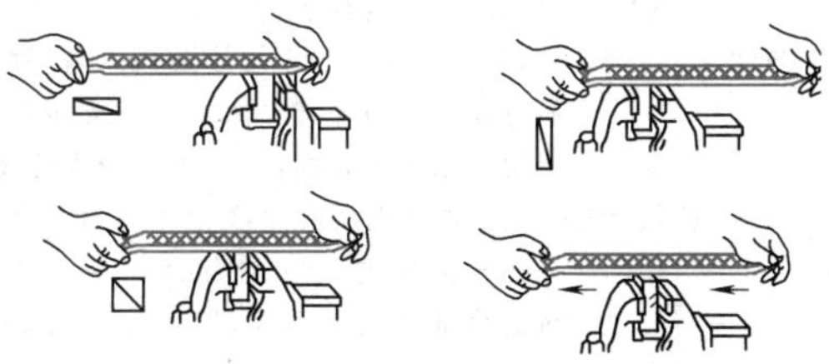	锉削行程中保持锉刀作直线运动。推进时右手压力要随锉刀推进而逐渐增加,左手压力则要逐渐减小,回程不加压力。锉削速度一般每分钟 40 次左右
平面锉削	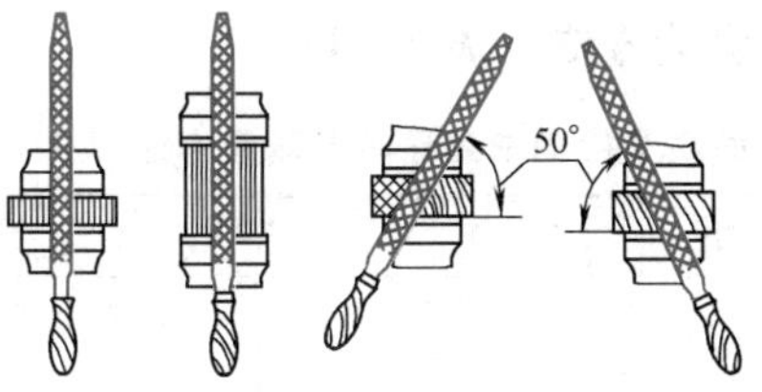	直锉:锉刀运动方向与工件夹持方向始终一致,常用于精锉 交叉锉:锉刀运动方向与工件夹持方向成一定角度,一般用于粗锉
外圆弧面的锉削	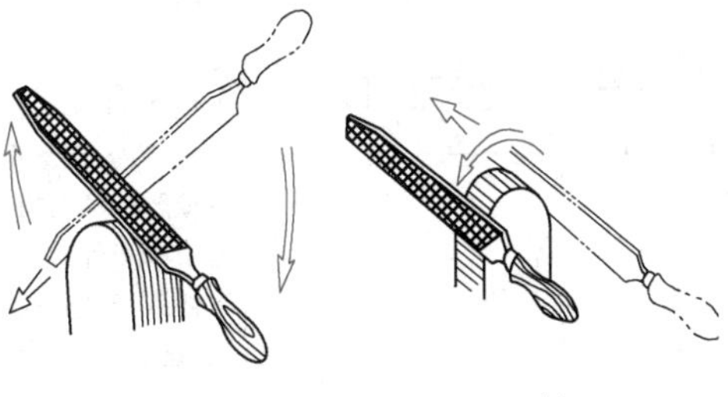 a)　　　　b)	顺着圆弧面锉:锉削时,锉刀向前,右手下压,左手上提,同时绕工件圆弧中心转动。此方法适用于精锉圆弧面,如左图 a 所示 横着圆弧面锉:锉削时,推动锉刀直线运动的同时随工件作圆弧摆动。此方法适用于圆弧面的粗加工,如左图 b 所示

（续）

内　容	操作示意图	操作说明
内圆弧面的锉削		用圆锉或半圆锉。锉刀作直线运动的同时绕锉刀中心转动，并向左作微小移动
球面的锉削		锉削圆柱形工件端部的球面时，锉刀以顺向和横向两种曲面锉法结合进行

表 5-19　电动角向磨光机及抛光机的使用说明

名　称	图　例	使用说明
电动角向磨光机及抛光机		切削过程大致可分为滑擦、刻划和切削三个阶段，故磨削的过程是一个复杂的切削过程，它存在磨粒对金属的挤压、滑擦、刻划和切削作用，且砂轮和工件之间还会掺入破碎和脱落的磨粒细末产生一定研磨作用。另外，磨削时有很大的塑性变形区，有大量的塑变金属仍留在已加工表面内，所以表面硬化现象和残余应力也比较严重。由于磨削时磨粒是在大负前角下进行切削，所以需要的径向压力比较大，一般为切削力的 1.6 ~ 3.2 倍。同时，在磨削时产生大量的热量，使工件磨削表面的温度很高

三、锉削表面质量检测常用量具及测量方法（表 5-20）

表 5-20　锉削表面质量检测常用量具及测量方法

名　称	示　意　图	测　量　方　法
游标卡尺		1. 测量前应校对零位。其主尺与游标的零线正好对齐时，量爪两测量面贴合应不透光或微弱透光 　　2. 测量时两量爪分开到略大于被测尺寸，将固定量爪的测量面贴靠工件，然后轻轻推动游标，使游标量爪的测量面也紧靠工件，当卡尺测量面的连线垂直于被测工件表面时，读出读数。读数时，视线应垂直于卡尺刻线表面

（续）

名　称	示　意　图	测量方法
千分尺	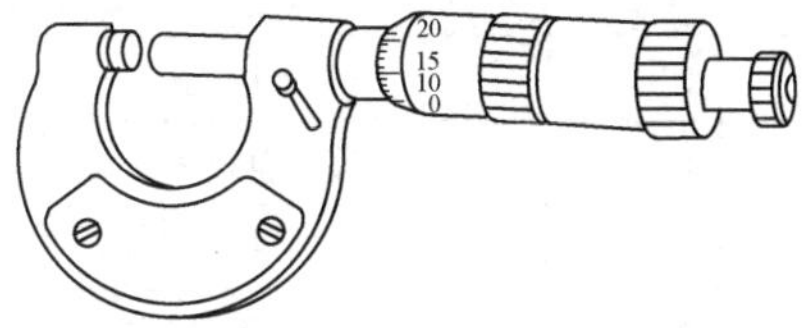	1. 使用前应对零（0～25mm）或用标准样棒校准 2. 使用时旋动固定套筒，使两测量面接近工件，然后旋转棘轮，当棘轮发出"喀喀"声后即可读数
直角尺	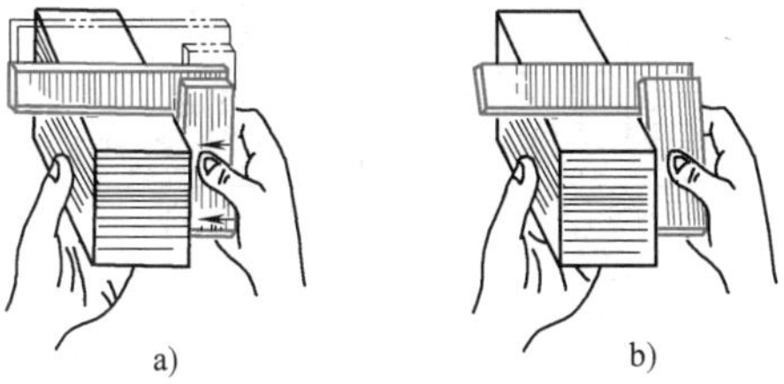 a) 　 b)	使用直角尺检查工件垂直度：使用时，先将尺座紧贴工件基准面，然后将直角尺轻轻向下移动，使尺瞄与被测工件表面接触，目测透光情况，判断工件的垂直度
刀口形直尺或钢直尺	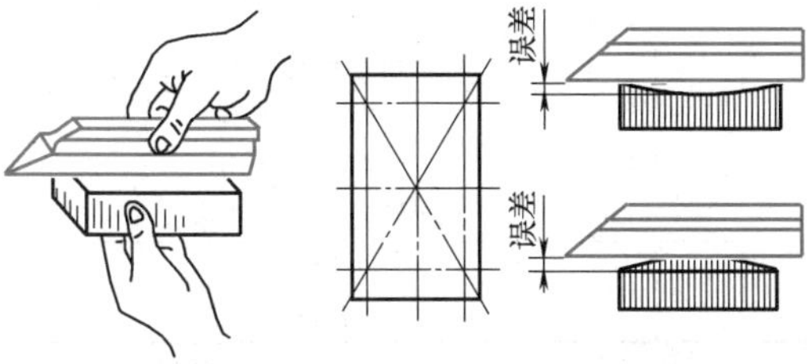 误差　误差	使用刀口形直尺或金属直尺检查平面度：刀口形直尺或金属直尺垂直放在工件表面上，沿纵向、横向、对角线方向多处逐一通过透光法检查。不透光或微弱透光则表明该平面是平直的，反之，该面不平

四、锉削注意事项

1）掌握正确的锉削姿势是学好锉削技能的基础，因此必须练好锉削姿势。

2）平面锉削的要领是锉削时保持锉刀的直线平衡运动。因此，在练习时要注意锉削力的正确运用。

3）顺着圆弧锉时，锉刀上翘下摆的幅度要大，才易于锉圆。

4）不能使用没有装柄的锉刀，以及锉刀柄开裂的锉刀。

5）不能用嘴吹锉屑，也不能用手擦摸锉削表面。

6）工量具要正确使用，合理摆放，做到文明生产。

操作步骤

1）认真分析解读如图 5-5 所示图形，选择锉削工具，制订锉削工艺路线。

2）锉削水平基准面 A。

3）锉削垂直基准面。

4）锉削水平基准面的平行面。

5）锉削垂直基准面的平行面。

6）锉削圆弧面。

效果评价

平面锉削评分表见表 5-21。

表 5-21　平面锉削评分表

类型	项次	项目与技术要求	配分	评定方法	实测记录	得分
过程评价40%	1	能熟练识读锉削零件图样	10	满分10分		
	2	能正确制订锉削工艺路线	10	每错一项扣2分		
	3	能正确选用锉削工、量、刃具	5	每选错一样扣1分		
	4	锉削姿势正确	5	发现一项不正确扣2分		
	5	安全文明生产、劳动纪律执行情况	10	违者扣10分		
加工质量评价60%	1	平面度 $Ra3.2\mu m$	10	超差扣5分、 表面粗糙度低一级扣2分		
	2	平面度 尺寸$(60\pm0.1)mm$ $Ra3.2\mu m$	15	超差扣5分 超差扣5分 表面粗糙度低一级扣2分		
	3	平面度 垂直度 $Ra3.2\mu m$	15	超差扣5分 超差扣5分 表面粗糙度低一级扣2分		
	4	平面度 $(80\pm0.1)mm$ $Ra3.2\mu m$	10	超差扣5分 超差扣5分 表面粗糙度低一级扣2分		
	5	$R15mm$ 圆弧与平面的连接	10	不光滑扣3分 连接不光滑扣5分		

课题五　钻　孔

钻孔加工的零件图如图 5-7 所示。

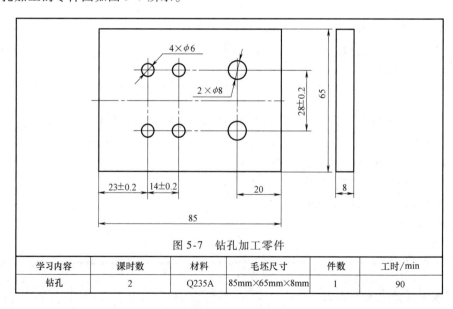

图 5-7　钻孔加工零件

学习内容	课时数	材料	毛坯尺寸	件数	工时/min
钻孔	2	Q235A	85mm×65mm×8mm	1	90

相关知识

用钻头在实体材料上加工出孔的过程称为钻孔。

一、钻床及钻孔辅件

1. 常用钻床

钻床的种类很多，常用的钻床有台式钻床、立式钻床和摇臂钻床等。各种常用钻床的功用及相关知识见表5-2。这里介绍一种生产和生活常用的钻削工具——手电钻。手电钻可区分为手电钻、冲击钻、锤钻3类。其优点为结构简单、重量轻、体积小、携带方便、不占空间、操作容易等。它适用于大多数的工作场所及不同的行业。手电钻的功用及相关知识见表5-22。

表 5-22   手电钻的功用及相关知识

图例及说明	功用及相关知识
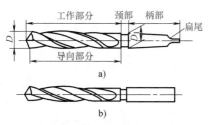 安装钻头时，先用钥匙拧松钻夹头，待插入钻头后再用钥匙旋紧钻夹头。左手握住把柄，右手食指扣动开关。 直径大于 13mm 的钻头多为锥柄，其尾部端头有一个扁尾，如上图 a 所示；直径在 13mm 以下的钻头都是柱柄式麻花钻头，如上图 b 所示	手电钻是电磁旋转式或电磁往复式小容量电动机的电机转子做磁场切割做功运转，通过传动机构驱动作业装置，带动齿轮加大钻头的动力，从而使钻头刮削物体表面，更好地洞穿物体。使用时注意以下几点： 　1. 根据孔径选择相应规格的钻头 　2. 使用的电源要符合标牌规定值 　3. 电钻外壳要采取接零或接地保护措施。接上电源后，用试电笔测试确保外壳不带电方可使用 　4. 手电钻导线要保护好，严禁乱拖，防止轧坏、割破，更不准把电线拖到油水中，防止油水腐蚀电线 　5. 使用手电钻时一定要戴胶皮皮手套，穿胶底鞋；在潮湿的地方工作时，必须戴绝缘手套，穿绝缘鞋站在橡皮垫或干燥的木板上工作，以防触电 　6. 使用手电钻当中发现电钻漏电、振动、高热或者有异声时，应立即停止工作，找电工检查修理 　7. 钻头锋利，钻孔时用力适度。如用力压电钻时，必须使电钻垂直工作，而且固定端要特别牢固 　8. 电钻的转速突然降低或停止转动时应赶快放松开关，切断电源，慢慢拔出钻头。当孔要钻通时应适当减轻压力 　9. 使用时要注意观察电刷火花的大小，若火花过大应停止使用并进行检查维修 　10. 手电钻未完全停止转动时，不能卸、换钻头 　11. 在有易燃、易爆气体的场合不能使用电钻 　12. 不要在运行的仪表和计算机旁使用电钻，更不能与操作的仪表和计算机共用一个电源 　13. 注意电钻的维护与保养，保持换向器清洁，定期更换电刷和润滑油

2. 钻孔辅件

钻孔辅件主要包括钻头及工件装夹的辅助器具及设备。常用的钻孔辅件功用及其相关知识见表5-23。

表 5-23　钻孔辅件

名　称	图　例	功用及其相关知识
钻夹头	与钻床主轴锥孔配合 紧固扳手 自动定心夹爪	切削时转矩较小。如夹紧过小,则容易产生跳动
锥柄钻头	钻床主轴 过渡套筒 过渡套筒 锥孔 装夹时将钻头向上推压	直接或通过钻套将钻头和钻床主轴锥孔配合,这种方法配合牢靠,同轴度好 应注意的是:换钻头时,一定要停车,以确保安全
手钳		用来夹持工件,夹持工件钻孔时应注意: 1. 钻孔直径在 8mm 以下 2. 工件握持边应倒角 3. 孔将钻穿时,进给量要小
平口钳		用于夹持直径在 8mm 以上或用手不能握牢的小工件
V 形块	a)　　　b)	用来夹持工件,夹持工件钻孔时应注意: 1. 钻头轴心线位于 V 形块的对称中心 2. 钻通孔时,应将工件钻孔部位离 V 形块端面一段距离,避免将 V 形块钻坏
压板	可调垫铁　压板 工件 a)　　　b)	用于夹持工件。夹持工件钻孔时应注意: 1. 钻孔直径在 10mm 以上 2. 压板后端需根据工件高度用垫铁调整

（续）

名　称	图　例	功用及其相关知识
钻床夹具		用来夹持工件。它适用于钻孔精度要求高、零件生产批量大的工件

二、钻头结构及其装卸

麻花钻的组成、功用及其相关知识见表 5-24。其装卸过程基本同表 5-22 中手电钻钻头的装卸过程。

表 5-24　麻花钻的组成、功用及其相关知识

组成部分		图　例	功用及其相关知识
柄部		a）直柄 b）锥柄 c）切削部分	按形状不同，柄部可分为直柄和锥柄两种。直柄所能传递的转矩较小，用于直径在 13mm 以下的钻头。当钻头直径大于 13mm 时，一般都采用锥柄。锥柄的扁尾既能增加传递的转矩，又能避免工作时钻头打滑，还能供拆卸钻头时敲击之用
颈部			位于柄部和工作部分之间，主要作用是在磨削钻头时供砂轮退刀用。其次，还可刻印钻头的规格、商标和材料等，以供选择和识别
工作部分	切削部分		切削部分承担主要的切削工作。切削部分的六面五刃，如左图 c 所示 1. 两个前刀面：切削部分的两螺旋槽表面 2. 两个后刀面：切削部分顶端的两个曲面，加工时它与工件的切削表面相对 3. 两个副后面：与已加工表面相对的钻头两棱边 4. 两条主切削刃：两个前刀面与两个后刀面的交线，其夹角称为顶角（2ϕ），通常为 116°～118° 5. 两条副切削刃：两个前刀面与两个副后面的交线 6. 一条横刃：两个后刀面的交线
	导向部分		在钻孔时起引导钻削方向和修光孔壁的作用，同时也是切削部分的备用段。导向部分的各组成要素的作用是： 1. 螺旋槽：两条螺旋槽使两个刀瓣形成两个前刀面，每一刀瓣可看成是一把外圆车刀。切屑的排出和切削液的输送都是沿此槽进行的 2. 棱边：在导向面上制得很窄且沿螺旋槽边缘突起的窄边称为棱边。它的外缘不是圆柱形，而是被磨成倒锥，即直径向柄部逐渐减小。这样，棱边既能在切削时起导向及修光孔壁的作用，又能减少钻头与孔壁的摩擦
钻心			两螺旋形刀瓣中间的实心部分称为钻心。它的直径向柄部逐渐增大，以增强钻头的强度和刚性

三、钻孔的操作要领

钻孔加工的操作要点及注意事项见表 5-25。

表 5-25　钻孔加工的操作要点及注意事项

内　容	操作要点及注意事项	示　意　图
确定加工界线	钻孔前,要在工件上打上样冲眼作为加工界线,中心眼应打大些,如右图 a 所示。钻孔时先用钻头在孔的中心锪一小坑(约占孔径的1/4),检查小坑与所划圆是否同心。如稍有偏离,可用样冲将中心冲大矫正或移动工件借正。如偏离较多,可用窄錾在偏斜相反方向凿几条槽再钻,便可以逐渐将偏斜部分矫正过来,如右图 b 所示	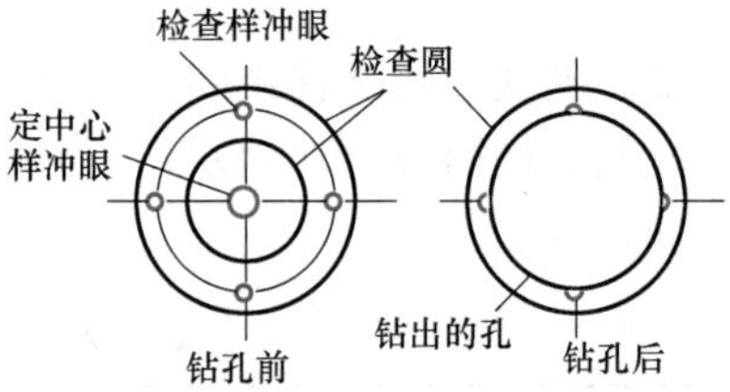 a) 钻孔前打样冲眼 b) 錾槽纠正钻偏的孔
钻通孔	工件下面应放垫铁,或把钻头对准工作台空槽。在孔将被钻透时,进给量要小,变自动进给为手动进给,避免钻头在钻穿的瞬间抖动,出现"啃刀"现象,从而影响加工质量,损坏钻头,甚至发生事故	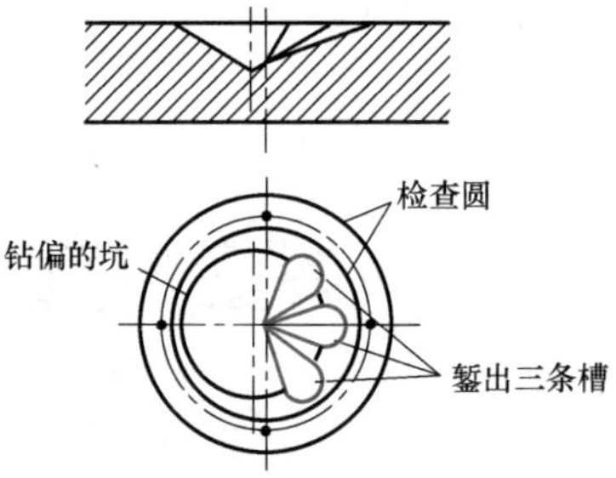
钻下通孔	要注意掌握钻孔深度。控制钻孔深度的方法有: 1. 调整好钻床上深度标尺挡块 2. 安置控制长度量具或用划线做记号	
钻深孔	用接长钻头加工,加工时要经常退钻排屑,如为不通孔,则需注意测量与调整钻深挡块	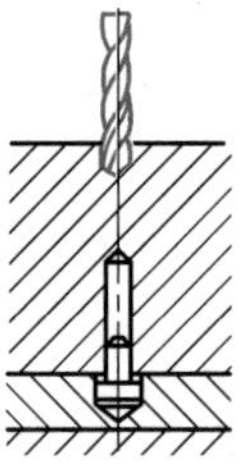
钻大孔	直径 D 超过 30mm 的孔应分两次钻。第一次用 $(0.5\sim0.7)D$ 的钻头先钻,再用所需直径的钻头将孔扩大。这样,既利于钻头负荷分担,也有利于提高钻孔质量	
斜面钻孔	1. 在工件钻孔处铣一小平面后钻孔 2. 用錾子先錾一小平面,再用中心钻钻一锥坑后钻孔	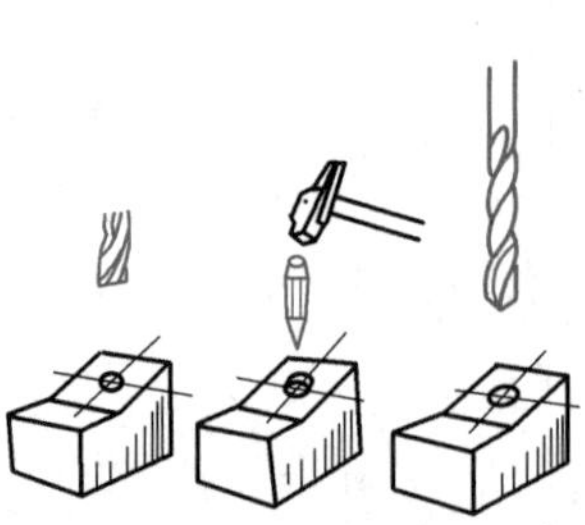

（续）

内　容	操作要点及注意事项	示　意　图
钻半圆孔与骑缝孔	1. 可把两件合起来钻削 2. 两件材质不同的工件钻骑缝孔时,样冲眼应打在略偏向硬材料的一边 3. 使用半孔钻	
切削液的选择	钻削钢件时,为减小表面粗糙度值,多使用全损耗系统用油作冷却润滑油;为提高生产率则多使用乳化液。钻削铝件时,多用乳化液、煤油为切削液。钻削铸铁件时,用煤油为切削液	

四、钻孔注意事项

1）操作钻床时不准戴手套,女生必须戴工作帽。

2）工件必须夹紧,孔将钻穿时进给力要小,并减小进给速度。

3）钻孔时的切屑不可用棉纱或嘴吹来清除,必须用毛刷或钩子来清除。

4）严禁在开车状态下装拆工件,停车时不可用手去刹主轴。

5）钻小孔时进给力要小,钻深孔时要经常退钻排屑。

6）起钻坑位置不正确的校正必须在锥坑外圆小于钻头直径之前完成。

7）钻孔加工废品产生的原因和防止方法见表5-26。

表5-26　钻孔加工废品产生的原因和防止方法

废品形式	废品产生原因	防止方法
孔径大	1. 钻头两切削刃长度不等,角度不对称 2. 钻头产生摆动	1. 正确刃磨钻头 2. 重新装夹钻头,消除摆动
孔呈多角形	1. 钻头后角太大 2. 钻头两切削刃长度不等,角度不对称	正确刃磨钻头,检查顶角、后角和切削刃
孔歪斜	1. 工件表面与钻头轴线不垂直 2. 进给量太大,钻头弯曲 3. 钻头横刃太长,定心不良	1. 正确装夹工件 2. 选择合适进给量 3. 磨短横刃
孔壁粗糙	1. 钻头不锋利 2. 后角太大 3. 进给量太大 4. 冷却不足,切削液润滑性能差	1. 刃磨钻头,保持切削刃锋利 2. 减小后角 3. 减少进给量 4. 选用润滑性能好的切削液
钻孔位置偏移	1. 划线或样冲眼中心不准 2. 工件装夹不准 3. 钻头横刃太长,定心不准	1. 检查划线尺寸和样冲眼位置 2. 工件要装稳夹紧 3. 磨短横刃

8）钻孔时钻头损坏的原因和预防方法见表 5-27。

表 5-27　钻孔时钻头损坏的原因和预防方法

损坏形式	损 坏 原 因	预 防 方 法
钻头工作部分折断	1. 用钝钻头钻孔 2. 进给量太大 3. 切屑塞住钻头螺旋槽,未及时排出 4. 孔快钻通时,进给量突然增大 5. 工件松动 6. 钻孔产生歪斜,仍继续工作	1. 把钻头磨锋利 2. 正确选择进给量 3. 钻头应及时退出,排出切屑 4. 孔快钻通时,减少进给量 5. 将工件装稳紧固 6. 纠正钻头位置,减少进给量
切削刃迅速磨损	1. 切削速度过高,切削液不充分 2. 钻头刃磨角度与工件硬度不适应	1. 降低切削速度,充分冷却 2. 根据工件硬度选择钻头刃磨角度

操作步骤

1）认真分析解读如图 5-7 所示图形,选择钻床、钻头,制订钻削工艺路线。
2）按图样要求划 $4 \times \phi6mm$、$2 \times \phi8mm$ 孔的中心线,找到中心位置。
3）在 $\phi6mm$、$\phi8mm$ 孔的中心样冲眼,划出孔的圆周线。
4）装夹工件。
5）起钻出浅坑:观察浅坑与划线圆是否同轴,如果偏心,及时校正。
6）起钻达到钻孔位置要求后,进给完成钻孔,用同样的方法依次完成其他孔的钻削。

效果评价

钻孔质量评分表见 5-28。

表 5-28　钻孔质量评分表

类型	项次	项目与技术要求	配分	评 定 方 法	实测记录	得分
过程评价40%	1	能熟练识读孔加工图样	10	满分 10 分		
	2	能正确制订钻孔加工工艺路线	10	每错一项扣 2 分		
	3	能正确选用钻孔相关工、量、刃具	5	每选错一样扣 1 分		
	4	钻削姿势正确	5	发现一项不正确扣 2 分		
	5	安全文明生产、劳动纪律执行情况	10	违者扣 10 分		
加工质量评价60%	1	划线是否正确	10	偏差大于 0.3mm 扣 2.5 分 ×4		
	2	样冲眼大小、位置	10	总体评定		
	3	校正是否正确	5	不正确不得分		
	4	浅坑与划线圆周线的同轴度	18	不同轴度偏差太大扣 3 分 ×6		
	5	孔径 $\phi6mm$、$\phi8mm$	5	偏差太大扣 2.5 分 ×2		
		孔距 7mm、28mm、23mm	6	偏差太大扣 2 分 ×3		
		表面质量	6	太差扣 1 分 ×6		

课题六　攻　螺　纹

螺纹图样如图 5-8 所示。

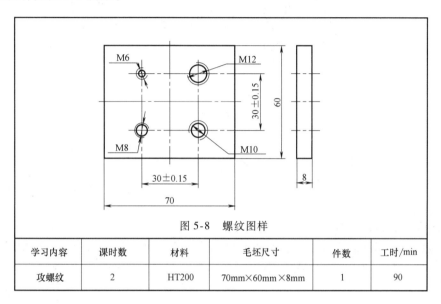

图 5-8　螺纹图样

学习内容	课时数	材料	毛坯尺寸	件数	工时/min
攻螺纹	2	HT200	70mm×60mm×8mm	1	90

相关知识

螺纹传统的加工方法是用丝锥或板牙来进行加工，用丝锥在圆孔内表面加工内螺纹的方法称为攻螺纹。

一、螺纹

螺纹联接是重要的机械联接方式，而三角形螺纹是应用最广的螺纹类型，其主要参数如图 5-9 所示。

（1）牙型角 α　是在螺纹牙型上，两相邻牙侧间的夹角。

（2）螺距 P　是相邻两牙在中径线上对应两点间的轴向距离。

（3）导程 L　是同一条螺旋线上相邻两牙在中径线上对应两点间的轴向距离。

（4）螺纹大径 d/D　是指与外螺纹牙顶或内螺纹牙底相切的假想圆柱或圆锥的直径。外螺纹大径用 d 表示，内螺纹大径用 D 表示。

国家标准规定，螺纹大径的基本尺寸称为螺纹的公称直径，它代表螺纹尺寸的直径。

（5）中径 d_2/D_2　是一个假想圆柱或圆锥的直径。该圆柱或圆锥的素线通过牙型上沟槽和凸起宽度相等的地方，称为中径圆柱或中径圆锥。同规格的外螺纹中径 d_2 和内螺纹中径 D_2 公称尺寸相等。

（6）螺纹小径 d_1/D_1　是与外螺纹牙底或内螺纹牙顶相切的假想圆柱或圆锥的直径，外

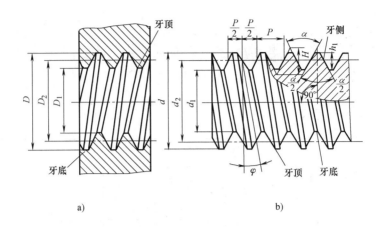

图 5-9　三角形螺纹主要参数

a）内螺纹　b）外螺纹

螺纹小径用 d_1 表示，内螺纹小径用 D_1 表示。

（7）螺纹升角 φ　在中径圆柱或中径圆锥上螺旋线的切线与垂直于螺纹轴线平面的夹角。

二、攻螺纹工具及辅具

丝锥是加工内螺纹的工具，有机用丝锥和手用丝锥。机用丝锥通常指高速钢磨牙丝锥，其螺纹公差带分 1H、2H、3H 三种；手用丝锥用碳素工具钢和合金工具钢制造，螺纹公差带为 4H。

1. 丝锥的构造

丝锥的构造如图 5-10 所示，丝锥由工作部分和柄部组成，工作部分又包括切削部分和校准部分。

丝锥沿轴向开有几条容屑槽，以形成切削部分锋利的切削刃，起主要切削作用。切削部分前角 $\gamma_0 = 8° \sim 10°$，后角铲磨成 $\alpha_0 = 6° \sim 8°$。前端磨出切削锥角，使切削负荷分布在几个刀齿上，使切削省力，便于切入。丝锥校准部分有完整的牙型，用

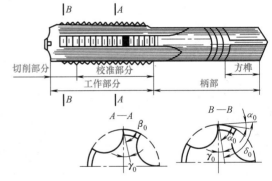

图 5-10　丝锥的构造

来修光和校准已切出的螺纹，并引导丝锥沿轴向前进，后角 $\alpha_0 = 6°$。为了适用于不同工件材料，丝锥切削部分前角可参考表 5-29 适当增减。

表 5-29　丝锥切削部分前角的选择

加工材料	铸造青铜	铸铁	黄铜	中碳钢	低碳钢	不锈钢	铝合金
前角	0°	5°	10°	10°	15°	15° ~ 20°	20° ~ 30°

丝锥校准部分的大径、中径、小径均有 0.05 ~ 0.12/100mm 的倒锥，以减小与螺孔的摩擦，减小所攻螺孔的扩张量。

为了制造和刃磨方便，丝锥上的容屑槽一般做成直槽。有些专用丝锥为了控制排屑方向，做成螺旋槽，如图5-11所示。

加工不通孔螺纹，为使切屑向上排出，容屑槽做成右旋槽，如图5-11a所示。加工通孔螺纹，为使切屑向下排出，容屑槽做成左旋槽，如图5-11b所示。一般丝锥的容屑槽为3~4个。

丝锥柄部分有方榫，用以夹持并传递转矩。

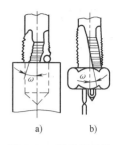

图5-11　螺旋槽丝锥

2. 丝锥的种类

丝锥种类很多，钳工常用的有机用丝锥、手用丝锥、螺母丝锥、锥形丝锥等。

GB/T 3464—2007规定，机用和手用普通螺纹丝锥有粗牙、细牙之分，粗柄、细柄之分，单支、成组之分，等径、不等径之分。此外，还有细长柄机用丝锥（GB/T 3464.2—2003）、螺母丝锥（GB/T 967—2008）、长柄螺母丝锥（JB/T 8786—1998）等。

3. 铰杠

铰杠是手工攻螺纹时用来夹持丝锥的工具，分普通铰杠（图5-12）和丁字铰杠（图5-13）两种。各类铰杠又可分为固定式和活动式两种。其中丁字铰杠适用于在凸台旁边或箱体内部攻螺纹，活动式丁字铰杠用于M6以下丝锥，固定式普通铰杠用于M5以下丝锥。

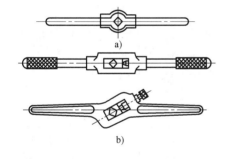

图5-12　普通铰杠

a）固定式　b）活动式

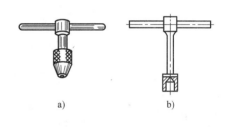

图5-13　丁字铰杠

a）固定式　b）活动式

铰杠的方孔尺寸和柄的长度都有一定的规格，使用时应按丝锥尺寸的大小，合理选用。表5-30为活动式铰杠的适用范围。

表5-30　活动式铰杠的适用范围

铰杠规格	150	225	275	375	475	600
丝锥范围	M5~M8	M8~M12	M12~M14	M14~M16	M16~M22	M24

三、攻螺纹工艺

1. 攻螺纹底孔直径

大小根据工件材料不同可按经验公式计算出或查表得出。

经验公式为：

钢和韧性材料
$$D_底 = D - P$$

铸铁和脆性材料 $\qquad D_{底} = D - (1.05 \sim 1.1)P$

式中　$D_{底}$——底孔直径（mm）；

　　　D——螺纹公称直径（mm）；

　　　P——螺距（mm）。

常用普通米制螺纹攻螺纹底孔直径可从表5-31中查得。

表5-31　攻螺纹前普通米制螺纹钻孔直径

螺纹直径 /mm	螺距 /mm	钻孔直径/mm		螺纹直径 /mm	螺距 /mm	钻孔直径/mm	
		铸铁、黄铜、青铜	钢、可锻铸铁			铸铁、黄铜、青铜	钢、可锻铸铁
2	0.4	1.6	1.6	14	2	11.8	12
	0.25	1.75	1.75		1.5	12.4	12.5
					1	12.9	13
2.5	0.45	2.05	2.05	16	2	13.8	14
	0.35	2.15	2.15		1.5	14.4	14.5
					1	14.9	15
3	0.5	2.5	2.5	18	2.5	15.3	15.5
	0.35	2.65	2.65		2	15.8	16
					1.5	16.4	16.5
4	0.7	3.3	3.3		1	16.9	17
	0.5	3.5	3.5	20	2.5	17.3	17.5
5	0.8	4.1	4.2		2	17.8	18
	0.5	4.5	4.5		1.5	18.4	18.5
					1	18.9	19
6	1	4.9	5	22	2.5	19.3	19.5
	0.75	5.2	5.2		2	19.8	20
8	1.25	6.6	6.7		2.5	20.4	20.5
	1	6.9	7		1	20.9	21
	0.75	7.1	7.2	24	3	20.7	21
10	1.5	8.4	8.5		2	21.8	22
	1.25	8.6	8.7		1.5	22.4	22.5
	1	8.9	9		1	22.9	23
	0.75	9.1	9.2				
12	1.75	10.1	10.2				
	1.5	10.4	10.5				
	1.25	10.6	10.7				
	1	10.9	11				

2. 不通孔螺纹的钻孔深度

钻孔深度按下式计算：

$$L = l + 0.7D$$

式中　L——钻孔深度（mm）；

　　　l——螺纹有效深度（mm）；

　　　D——螺纹大径（mm）。

四、攻螺纹的操作要领

攻螺纹的操作要领见表 5-32。

表 5-32 攻螺纹的操作要领

内 容	操 作 要 领	示 意 图
准备工作	攻螺纹前螺纹底孔口要倒角,使丝锥容易切入,并防止攻螺纹后孔口的螺纹崩裂。工件的装夹位置要正确,应尽量使螺孔中心线置于水平或垂直位置,其目的是攻螺纹时便于判断丝锥是否垂直于工件平面	
用头锥起攻螺纹	起攻时应把丝锥放正,用右手掌按住铰杠中部沿丝锥中心线用力加压,此时左手配合作顺向旋进;或两手握住铰杠两端平衡施加压力,并将丝锥顺向旋进,保持丝锥中心与孔中心线重合,不能歪斜,如右图 a 所示。当切削部分切入工件 1~2 圈时,用目测或用直角尺检查来校正丝锥的位置,如右图 b 所示。当切削部分全部切入工件时,应停止对丝锥施加压力,只需平稳地转动铰杠,靠丝锥上的螺纹自然旋进。经常将丝锥反方向转动 1/2 圈左右,使切屑碎断后容易排出,避免切屑过长咬住丝锥	向前 稍后退 继续向前 a) 攻螺纹的方法
用二锥攻螺纹	先用手将丝锥旋入已攻出的螺孔中,直到用手旋不动时,再用铰杠进行攻螺纹,这样可以避免损坏已攻出的螺纹和防止烂牙	
攻不通孔螺纹	攻不通孔螺纹时,在丝锥上做好深度标记,经常退出丝锥,排除孔中的切屑。当将要攻到孔底时,更应及时排出孔底积屑,以免攻到孔底丝锥被轧住	
攻通孔螺纹	丝锥校准部分不应全部攻出头,否则会扩大或损坏孔口最后几牙螺纹	b) 垂直度的检查
退出丝锥	退出丝锥应先用铰杠带动螺纹平稳地反向转动,当能用手直接旋动丝锥时,应停止使用铰杠,以防铰杠带动丝锥退出时产生摇摆和振动,破坏螺纹表面粗糙度	
攻不同材料工件上螺孔	在攻材料硬度较高的螺纹孔时,应头锥、二锥交替攻削,这样可减轻头锥切削部分的载荷,防止丝锥折断。攻塑性材料的螺纹孔时,要加切削液,以减少切削阻力和提高螺纹孔的表面质量,延长丝锥的使用寿命。一般用全损耗系统用油或浓度较大的乳化液,要求高的螺纹孔也可用菜油或二硫化钼等	

五、攻螺纹注意事项

1）攻螺纹前,应先在底孔孔口处倒角,其直径略大于螺纹大径。

2）开始攻螺纹时,应将丝锥放正,用力要适当。

3）当切入 1~2 圈时,要仔细观察和校正丝锥的轴线方向,要边工作、边检查、边校准。当旋入 3~4 圈时,丝锥的位置应正确无误,转动铰杠、丝锥将自然攻入工件,决不能对丝锥施加压力,否则将破坏螺纹牙型。

4）工作中，<u>丝锥每转 1/2 圈至 1 圈时，丝锥要倒转 1/2 圈</u>，将切屑切断并挤出。尤其是攻不通孔螺纹孔时，要及时退出丝锥排屑。

5）当更换后一支丝锥二攻丝锥时，要用手旋入至不能再旋入时，再改用铰杠夹持丝锥工作。

6）在塑料上攻螺纹时，要加全损耗系统用油或切削液润滑。

7）将丝锥退出时，最好卸下铰杠，用手旋出丝锥，保证螺孔的质量。

操作步骤

1）认真分析解读如图 5-8 所示的图形，选择丝锥、铰杠，制订攻螺纹工艺路线。

2）按图划出 M12、M10、M8、M6 底孔加工线。

3）钻 M12、M10、M8、M6 底孔。

4）各孔两端孔口倒角。

5）分别攻出 M6、M8、M10、M12 四个螺纹孔。

效果评价

攻螺纹质量评分表见表 5-33。

表 5-33　攻螺纹质量评分表

类型	项次	项目与技术要求	配分	评定方法	实测记录	得分
过程评价40%	1	能熟练识读攻螺纹图样	10	满分10分		
	2	能正确制订螺孔加工工艺路线	10	每错一项扣2分		
	3	能正确选用相关工、量、刃具	5	每选错一样扣1分		
	4	攻螺纹姿势正确	5	发现一项不正确扣2分		
	5	安全文明生产、劳动纪律执行情况	10	违者扣10分		
加工质量评价60%	1	划线位置	10	位置偏差太大扣2.5分		
	2	钻孔位置	10	位置不对每处扣1.5分		
	3	孔口倒角	5	未倒角每处扣1分		
	4	螺纹是否歪斜各螺纹是否烂牙	30	螺纹歪斜每处扣5分螺纹烂牙每处扣3分		
	5	丝锥使用	5	折断丝锥扣5分		

课题七　综合训练

一、加工凸形块

1. 加工图样与要求（图 5-14）

___年___月___日

课题1		凸　形　块		时间	8 学时
材　料		Q235—A （61mm×67mm×10mm）	工量具	锉刀、游标卡尺、丝锥 M8、铰杠、螺纹塞规、百分表等	
姓　名			学　号	得　分	

零件图

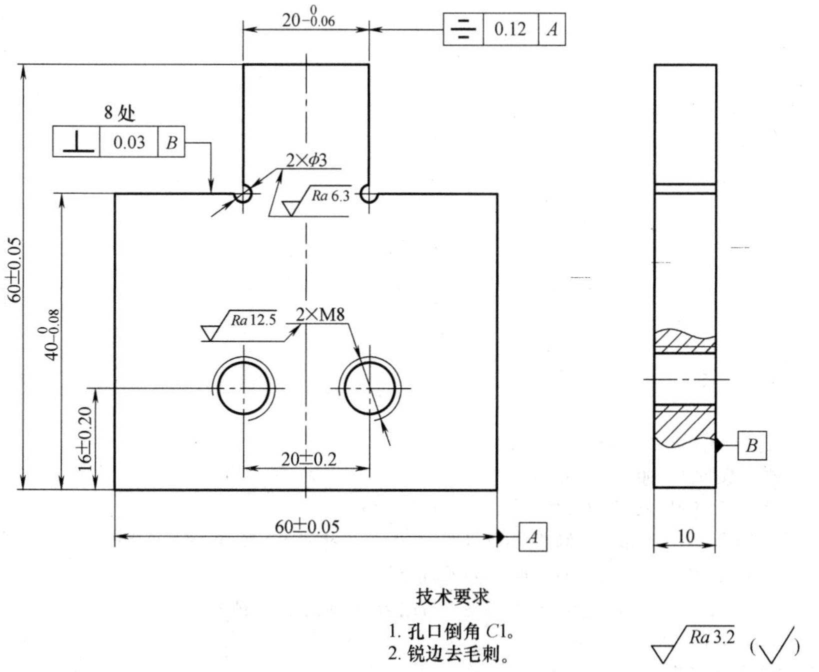

20－0.06
0

$\perp$ | 0.12 | A

8 处

$\perp$ | 0.03 | B

2×φ3
Ra 6.3

60±0.05

40－0.08
0

Ra 12.5　2×M8

16±0.20

20±0.2

60±0.05

A

10

B

技术要求

1. 孔口倒角 C1。
2. 锐边去毛刺。

$\sqrt{Ra 3.2}$ ($\sqrt{}$)

检测评分

序号	检测要求	配分	得分	序号	检测要求	配分	得分
1	$20^{0}_{-0.06}$ mm	8		6	2×M8（目测）	4×2	
2	$40^{0}_{-0.08}$ mm（2 处）	8×2		7	（20±0.2）mm	3	
3	（60±0.05）mm（2 处）	8×2		8	（16±0.20）mm（2 处）	3×2	
4	$\perp$ | 0.03 | B （8 处）	3×8		9	Ra3.2mm（10 处）	1×10	
5	$\equiv$ | 0.12 | A	9		10	安全文明生产,违者扣 1~10 分		

图 5-14　加工图样与要求

2. 加工凸形块实习指导（表5-34）

表5-34　实习指导

教学目标	1. 初步掌握具有对称度要求的工件的划线、加工及测量方法 2. 正确使用和保养百分表
工艺知识要求	1. 掌握对称工件的划线方法 2. 掌握对称度的测量方法和百分表的使用与保养
加工步骤建议	1. 锉削三相互垂直的面作为下一步加工的基准 2. 锉削保证两处 (60 ± 0.05) mm 尺寸 3. 按基本尺寸划出凸台加工线 4. 按划线锯削、锉削加工一侧两垂直面（对于 40mm 尺寸的加工范围，应根据 60mm 处的实际尺寸确定，从而保证下一步尺寸 $20_{-0.06}^{0}$ mm 合格的同时，对称度亦合格） 5. 按划线锯去另一侧垂直角，锉削，保证 20mm、40mm 两尺寸，达到图样要求 6. 划孔中心线，钻孔 7. 攻制螺孔 M8 8. 去毛刺，全面检测
注意事项	1. 不能急于求成，而同时将两侧缺角同时锯除，这样将难以精确测量，保证对称度 2. 攻螺纹前孔口要倒角

二、加工凹形块

1. 加工图样及要求（图5-15）

___年___月___日

课题2	凹 形 块		时间	8 学时
材　料	Q235—A （62mm×52mm×10mm）	工量具	千分尺、深度游标卡尺、直角尺、锉刀、丝锥 M10、铰杠、螺纹塞规等	
姓　名		学　号		得　分

任务图

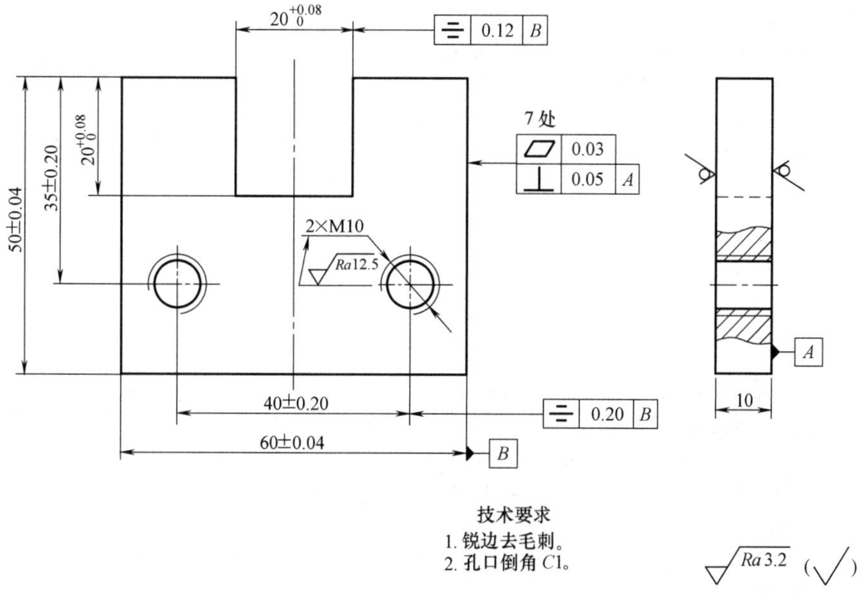

$20^{+0.08}_{0}$　　≑ 0.12 B

7 处　▱ 0.03　⊥ 0.05 A

$20^{+0.08}_{0}$　35±0.20　50±0.04

2×M10　√Ra12.5

40±0.20　≑ 0.20 B

60±0.04　B

10　A

技术要求

1. 锐边去毛刺。
2. 孔口倒角 C1。

$\sqrt{Ra3.2}$ （√）

检测评分

序号	检测要求	配分	得分	序号	检测要求	配分	得分
1	(60±0.04) mm	8		8	≑ 0.12 B	8	
2	(50±0.04) mm	8		9	▱ 0.03 (7 处)	2×7	
3	$20^{+0.08}_{0}$ mm (2 处)	6×2		10	⊥ 0.05 A (7 处)	2×7	
4	(40±0.20) mm	5		11	Ra12.5μm (2 处)	1×2	
5	(35±0.20) mm (2 处)	5×2		12	Ra3.2μm (7 处)	1×7	
6	2×M10	3×2		13	安全文明生产,违者扣1~10分		
7	≑ 0.20 B	6					

图 5-15　加工图样及要求

2. 加工凹形块实习指导（表5-35）

表 5-35 实习指导

教学目标	1. 掌握凹形对称形状的加工及测量方法 2. 掌握深度游标卡尺的使用和保养方法 3. 进一步提高锉削、锯削、钻孔加工精度
工艺知识要求	1. 深度游标卡尺和千分尺的使用和保养方法 2. 凹形对称形状内表面的加工和测量方法
加工步骤建议	1. 加工外形尺寸 (60 ± 0.04) mm、(50 ± 0.04) mm 2. 按对称形体划线方法，划出凹形加工线和孔加工线 3. 钻孔、锯削、錾削，去除凹形孔中余料，粗锉接近尺寸线 4. 细锉凹形部分，根据 60mm 的实际尺寸，通过控制 20mm 的尺寸误差，保证尺寸 $20^{+0.08}_{0}$ mm 和对称度，同时注意控制深度尺寸 5. 划孔中心线，钻孔 6. 攻螺纹孔 M10 7. 倒角，去毛刺，全面复检
注意事项	1. 钻孔时工件夹持一定要与钻床主轴中心线垂直 2. 凹形孔两侧尺寸应根据外围 60mm 尺寸的实际值确定，不能简单地认为就是 20mm

习题与思考

一、填空题

1. 钳工一般分为_____、_____、_____等工种。

2. 常用游标卡尺的测量精度有_____和_____两种。

3. 工件涂色常用的涂料有_____、_____等。

4. 锉刀的种类分为_____、_____、_____。

5. 锯削是指用锯对材料或工件进行_____或_____等的加工方法。

6. 为了避免锯条在锯缝中被夹住，锯齿均有规律地向左右扳斜，使锯齿形成波浪形或交叉形的排列，一般称之为_____。

7. 标准麻花钻结构由_____、_____、_____部分组成。

8. 丝锥是加工_____的工具，板牙是加工_____的工具。

9. 锉刀的齿纹有_____和_____两种。

10. 平面划线要选择_____划线基准，立体划线要选择_____划线基准。

11. 钻头横刃越_____则轴向力越_____。

12. 单齿锉适用于锉削_____，双齿锉适用于锉削_____。

二、选择题

1. 内径千分尺的活动套筒转动一圈，测微螺杆移动（　　　）。

A. 1mm
B. 0.5mm
C. 0.01mm
D. 0.001mm

2. 用于最后修光工件表面的用（　　　）。

A. 粗锉刀
B. 细锉刀
C. 油光锉
D. 什锦锉

3. 划线基准应与（　　　）一致。

A. 工艺基准
B. 装配基准
C. 设计基准
D. 工序基准

4. 两组导轨在水平面内的平行度误差应用（　　　）检查。

A. 水平仪
B. 轮廓仪
C. 百分表
D. 测微仪

5. 螺纹的顶径是指（　　　）。

A. 外螺纹大径
B. 外螺纹小径
C. 内螺纹大径
D. 内螺纹中径

6. 1/50mm游标卡尺的示值为（　　　）。

A. ±0.01mm
B. ±0.02mm
C. ±0.05mm
D. ±0.005mm

三、判断题

1. 千分尺的精度比游标卡尺低，而且比较灵敏。（　　　）

2. 游标卡尺是专用量具。（　　　）

3. 百分表可用来检验机床精度和测量工件的尺寸、形状和位置误差。（　　　）

4. 当划线发生错误或准确度太低时，都可能造成工件报废。　　（　　）

5. 划线时找正和借料这两项工作是密切结合的。　　（　　）

6. 锯削软材料或较大切面时一般选用细齿锯条。　　（　　）

7. 锉刀面是锉削的主要工作面。　　（　　）

8. 麻花钻顶角的大小影响主切削刃上轴向力的大小。　　（　　）

9. 当丝锥的切削部分全部进入工件时，应施加压力使丝锥攻入。　　（　　）

10. 锯条装得过松或过紧易使锯条折断。　　（　　）

四、综合题

1. 使用台虎钳应注意哪些事项？

2. 使用砂轮机应注意哪些事项？

3. 使用台钻应注意哪些事项？

4. 什么是划线？划线分哪两种？划线的主要作用有哪些？

5. 什么是借料？在什么情况下需要进行借料划线？

6. 锯条安装时，应注意哪些问题？

7. 简述锉削加工的规范姿势。

8. 采用划线方法钻孔时，如何进行纠偏？

9. 攻螺纹的工作要点有哪些？

单元六 机械拆装技术基础

学习目标

1. 了解机械拆卸的基本知识。

2. 了解机械装配的基本知识。

3. 熟悉机械拆装安全和文明生产操作规程。

4. 能根据台虎钳的装配技术要求完成拆装训练。

5. 能进行液压齿轮泵的拆装实习，了解液压齿轮泵的结构、工作原理和主要零部件，熟悉液压齿轮泵进、出油口的配置关系；完成液压齿轮泵的拆装训练。

6. 熟悉液压齿轮泵的拆装和调整过程，熟悉装配的技术要领。

课题一 机械拆装基础常识

相关知识

一、机械拆卸的基本知识

1. 机械拆卸前的准备工作

拆卸工作是设备使用与维护中的一个重要环节。若在拆卸过程中存在考虑不周全、方法不恰当、工具不合理等问题，都可能造成被拆卸的零部件损坏，甚至使整台设备的精度降低，工作性能受到严重影响。

为使拆卸工作能够顺利进行，必须做好拆卸前的一系列准备工作。首先，仔细研究设备的技术资料，认真分析设备的结构特点、传动系统、零部件的结构特点、配合性质和相互位置关系；其次，明确它们的用途，在熟悉以上各项内容的基础上，确定拆卸方法，选用合理的工具；最后，便可以开始拆卸工作。

2. 机械拆卸的顺序及注意事项

在拆卸设备时，应按照与装配相反的顺序进行，一般按从外向内，从上向下，先拆成部件或组件，再拆成零件的顺序进行。在拆卸过程中应注意以下事项：

1）对不易拆卸或拆卸后会降低连接质量和损坏的连接件，应尽量不拆卸，如密封连

163

接、过盈连接、铆接及焊接等连接件。

2）拆卸时用力应适当，特别要注意对主要部件的拆卸，不能使其发生任何程度的损坏。对于彼此互相配合的连接件，在必须损坏其中一个的情况下，应保留价值较高、制造困难或质量较好的零件。

3）用锤击法冲击零件时，必须加较软的衬垫，或用材料硬度较低的锤子（如铜锤）或冲棒，以防损坏零件表面。

4）对于长径比较大的零件，如较精密的细长轴、丝杠等零件，拆下后应竖直悬挂。对于重型零件需用多个支撑点支撑后卧放，以防变形。

5）拆卸下的零件应尽快清洗和检查。对于不需更换的零件要涂上防锈油；对于一些精密的零件，最好用油纸包好，以防锈蚀或碰伤；对于零部件较多的设备，最好以部件为单位放置，并做好标记。

6）对于拆卸下来的那些较小的或容易丢失的零件，如紧定螺钉、螺母、垫圈、销等，清洗后能装上的尽量装上，防止丢失。轴上的零件在拆卸后，最好按原来的次序临时装到轴上，或用铁丝穿到一起放置，这对装配工作能带来很大的方便。

7）拆卸下来的导管、油杯等油、水、气的通路及各种液压元件，在清洗后均需将进出口进行密封，以免灰尘、杂质等物侵入。

8）在拆卸旋转部件时，应注意尽量不破坏原来的平衡状态。

9）对于容易产生位移而又无定位装置或有方向性的连接件，在拆卸后应做好标记，以便装配时容易辨认。

3. 机械拆卸的常用方法

对于设备拆卸工作，应根据设备零部件的结构特点，采用不同的拆卸方法。常用的拆卸方法有：击卸法、拉拔法、顶压法、温差法和破坏法等。

（1）击卸法　击卸法是拆卸工作中最常用的方法，它是用锤子或其他重物对需要拆下的零部件进行冲击，从而实现把零件拆卸下来的一种方法。

1）用锤子击卸。用锤子敲击拆卸时应注意以下事项：

① 要根据被拆卸零件的尺寸、形状及配合的牢固程度，选用恰当的锤子，且锤击时用力要适当。

② 必须对受击部位采取相应的保护措施，切忌用锤子直接敲击零件。一般应使用铜棒、胶木棒或木板等来保护受敲击的轴端、套端和轮辐等易变形、强度较低的零件或部位。拆卸精密或重要零部件时，还应制作专用工具加以保护，如图6-1所示。

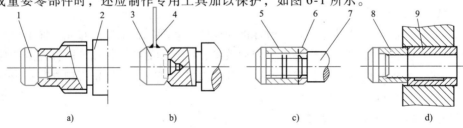

图 6-1　击卸时的保护
a）保护主轴用的垫铁　b）保护中心孔用的垫铁
c）保护轴端螺纹用的装置　d）保护轴套用的垫套
1、3—垫铁　2—主轴　4—铁条　5—螺母　6、8—垫套　7—轴　9—轴套

③ 应选择合适的锤击点，以防止零件变形或损坏。对于带有轮辐的带轮、齿轮等，应锤击轮与轴配合处的端面，锤击点要对称，不能敲击外缘或轮辐。

④ 对于严重锈蚀而难以拆卸的连接件，不能强行锤击，应加煤油浸润锈蚀部位，当略有松动时再进行击卸。

2）利用零件自重冲击拆卸。图 6-2 所示为利用自重冲击拆卸蒸汽锤锤头的示意图。锤杆与锤头是由锤杆锥体胀开弹性套而产生过盈连接的。为了保护锤体和便于拆卸，在锥孔中衬有纯铜片。拆卸前，先将锤头上的抵铁拆去，用两端平整、直径小于锥孔小端 5mm 左右的纯铜棒作冲铁，放在下抵铁上，并使冲铁对准锥孔中心。在下抵铁上垫好木板，然后开动蒸汽锤下击，即可利用锤头的惯性将锤头从锤杆上拆卸下来。

3）利用其他重物冲击拆卸。图 6-3 所示是利用吊棒冲击拆卸锻锤中节镶条的示意图。先将圆钢靠近两端处焊上两个吊环，然后用起吊装置将圆钢吊起来，如图 6-3b 所示；再将镶条小端倒角，以防冲击时端头变大而使拆卸困难；最后用圆钢冲击镶条小端，即可将配合牢固的镶条拆下。在拆卸大、中型轴类零件时，也可采用这种方法。

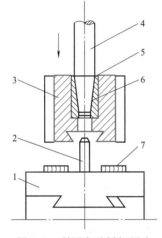

图 6-2　利用自重拆卸锤头

1—下垫铁　2—冲铁　3—锤头　4—锤杆
5—纯铜片　6—弹性套　7—木板

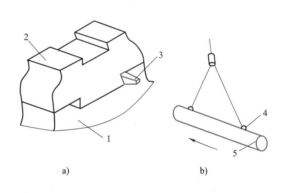

图 6-3　用吊棒冲击拆卸

a）锻锤　b）吊棒

1—锤墩　2—中节　3—镶条　4—吊环　5—圆钢

（2）拉拔法

1）轴套的拉卸。轴套一般都是用硬度较低的铜、铸铁或其他轴承合金制成的，如果拆卸不当，很容易使轴套变形或拉伤配合表面。因此，无需拆卸时尽量不去拆卸，只作清洗或修整即可。对于必须拆卸的，可用专用或自制的拉具拆卸，如图 6-4 所示。

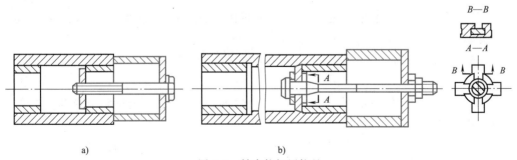

a）　　　　　　　　　b）

图 6-4　轴套拉卸用拉具

a）用矩形板拉出　b）用带四爪的专用工具拉出

2）轴端零件的顶拔。位于轴端的带轮、链轮、齿轮和滚动轴承等零件的拆卸，可用不同规格的顶拔器进行顶拔拆卸，如图6-5所示。

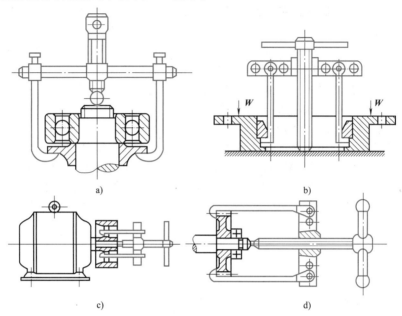

图6-5 轴端零件的顶拔拆卸

a）顶拔滚动轴承 b）顶拔轴承外圈 c）顶拔带轮 d）顶拔齿轮

3）钩头键的拉卸。图6-6所示为两种拉卸钩头键的方法。使用这两种工具既方便，又不损坏钩头键和其他零件。

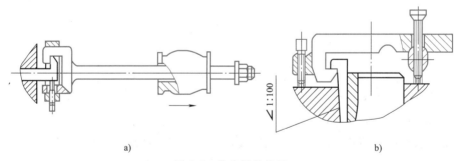

图6-6 钩头键的拉卸

a）用专用工具拉卸 b）用专用工具顶拔

4）轴的拉卸。对于端面有内螺纹且直径较小的传动轴，可用拔销器拉卸，如图6-7所示。

拉卸轴类零件时，应注意以下事项：

1）拉卸前应熟悉拆卸部位的装配图和有关技术资料，了解拆卸部位的结构和零部件的配合情况。

2）拉卸前应仔细检查轴和轴上的定位件、紧固件等是否已完全拆除或松开，如弹性挡圈及紧定螺钉等。

3）要根据装配图确定正确的拉出方向。拉出的方向应从箱体孔的大端将轴拉出来。拆卸时应先进行试拔，待拉出方向确定后再正式拉卸。

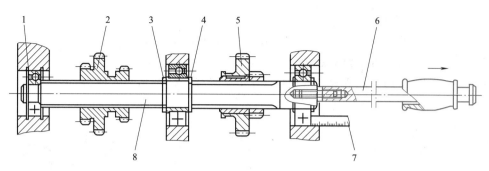

图 6-7　用拔销器拉卸传动轴

1、3、4—弹性挡圈　2—三联齿轮　5—双联齿轮　6—拔销器　7—金属直尺　8—花键轴

4）在拉卸轴的过程中，还要经常检查轴上的零件是否被卡住，防止影响拆卸过程。例如，轴上的键易被齿轮、轴承、衬套等卡住，弹性挡圈、垫圈等易落入轴上的退刀槽内使轴被夹住。

5）在拉卸过程中，会从轴上脱落下来的零件要设法接住，避免零件落下时被碰坏或砸坏其他零件。

（3）顶压法　顶压法适用于形状简单的过盈配合件的拆卸。常利用油压机、螺旋压力机、千斤顶、C 形夹头等进行拆卸。当不便使用上述工具进行拆卸时，可采用工艺螺孔，借助螺钉进行顶卸，如图 6-8 所示。

（4）温差法　温差法是采用加热包容件或冷冻被包容件，同时借助专用工具来进行拆卸的一种方法。温差法适用于拆卸尺寸较大、配合过盈量较大的机件或精度要求较高的配合件。加热或冷冻必须快速，否则会使配合件一起胀缩，使包容件与被包容件不易分开。

拆卸轴承内圈时可用如图 6-9 所示的简易方法进行。其具体方法是将绳子 1 绕在轴承内圈 2 上，反复快速拉动绳子，摩擦生热使轴承内圈增大，从而较容易地从轴 3 上拆下来。

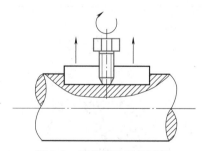

图 6-8　用顶压法拆卸平键

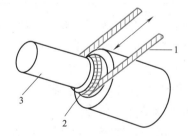

图 6-9　温差法拆卸轴承内圈

1—绳子　2—轴承内圈　3—轴

（5）破坏法　对于必须拆卸的焊接、铆接、胶接，以及难以拆卸的过盈连接等固定连接件，或因发生事故使花键轴扭曲变形、轴与轴套咬死，及严重锈蚀而无法拆卸的连接件，可采用车、锯、錾、钻、气割等方法进行破坏性拆卸。

二、机械装配的基本知识

按照一定的精度标准和技术要求，将若干个零件组合成部件或将若干个零件、部件组合成机构或机器的工艺过程，称为装配。在机器或机构的使用与维护过程中，要对设备或部件根据需要进行拆卸、清洗和修复，之后进行装配，所以装配是机械拆装过程中应该掌握的一项重要操作技能。

1. 装配前的准备工作

（1）零件的清理与清洗　在装配过程中，零件的清理与清洗工作对提高装配质量、延长设备使用寿命具有十分重要的意义。

零件在装配前，应清除其表面的铁锈、灰砂、切屑、研磨剂、油污及金属微粒。零件的清洗方法见表6-1。

表6-1　零件的清洗方法

清洗方法	清洗液	特点	使用范围
刷洗	汽油、煤油、轻柴油、乙醇、化学清洗液、常温水剂等	操作简单，设备简单，生产率低，配合适合的清洗设备可提高生产率	清洗单件小批量的小型零件或大件局部清洗。用于严重污染的头道清洗
浸洗（上下窜动）	常用各种清洗液	操作简单，设备简单，生产率低，宜多步清洗	清洗批量较大、形状复杂的工件。清除轻度污垢
气相清洗	三氯乙烯、三氯三氟乙烷化学清洗	零件表面清洁度高，装备复杂，配备加热冷凝装置，劳动保护严格	中批或大批清洗。清洗粘附严重的污垢或半固体状态油垢
超声波清洗	常用清洗剂、化学清洗液	效果最好，生产率高。装备维修及管理复杂。超声频率≈20kHz	成批清洗形状复杂零件。清洗污垢或半固体油垢
喷洗	碱液、大部分清洗液	效果好，生产率高。装备维修及管理复杂（零件与喷嘴相对运动）	清洗小型不复杂零件。清洗中等程度油垢
点解清洗（摇晃）	碱液	清洗液要有一定的导电性	大批、中批清洗小型零件。清洗质量高
高压清洗	清水、碱液水剂清洗液	一般手工操作，时间较长，工作压力常用10～20MPa	中、小批清洗中型零件。清洗严重固态油垢、油脂
多步清洗（联合清洗）	—	清洗生产线或自动化程度高的设备	清洗要求特别高的大、中批中、小型零件

下面以滑动轴承为例，介绍零件清理与清洗的方法，被清理、清洗的组件如图6-10所示。

清理的方法如下：

1）用錾子、钢丝刷清除轴承座3和轴承盖2上的型砂、飞边和毛刺等。

2）用刮刀、锉刀或砂布清除各零件上的毛刺、切屑和锈痕。

3）用毛刷、风箱或压缩空气清除零件孔、沟槽、台阶处残存的切屑、灰尘或油垢等。

清洗的方法如下：

经过清理后的零件还必须进行清洗，一般是先清洗精密零件，再清洗一般零件；先清洗较小零件，再清洗较大零件。

1）将适当煤油倒入清洗槽（或盒）内。

2）清洗上、下衬套。

3）清洗油杯、螺母、螺栓。

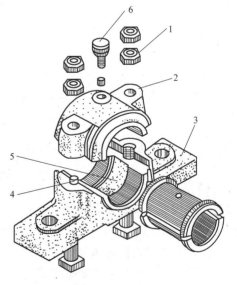

图6-10　滑动轴承

1—螺母　2—轴承盖　3—轴承座
4—螺栓　5—衬套　6—油杯

4）清洗上轴承盖。

5）清洗轴承座。

（2）零件的密封性试验　对于设备中的一些精密零件，如液压元件、液压缸、阀体、泵体等，在一定的工作压力下不仅要求不发生泄漏现象，还要求具有可靠的密封性。但是，由于零件毛坯在铸造过程中容易产生砂眼、气孔及疏松等缺陷，而造成在一定压力情况下的渗漏现象。因此，对这类零件在装配前必须进行密封性试验，否则，将对设备的质量、功能产生很大的影响。

密封性试验有气压法和液压法两种，其中，液压法压缩空气密封性试验比较安全。试验时施加的压力，应按照技术要求进行相应的调整。

1）气压法。试验前，先将零件各孔用压盖或螺塞进行密封；然后，将密封零件浸入水中；最后，通过压缩空气向零件内充气，如图6-11所示。此时，密封的零件在水中应无气泡逸出。当有气泡逸出时，可根据气泡的密度来判定零件是否符合技术要求。

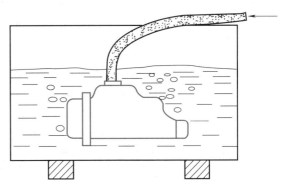

图6-11　气压法密封性试验

2）液压法。对于容积较小的零件进行密封性试验时，可用手动液压泵进行液压试验。图6-12所示为五通滑阀阀体的密封性试验示意图。试验前，两端装好密封圈和端盖，并用螺钉紧固，各螺孔用锥形螺塞拧紧，装上管接头并与手动液压泵接通。然后，用手动液压泵将油液注入阀体空腔内，并使油液达到技术要求所规定的试验压力。同时，应注意观察阀体有无渗透和泄漏现象。

对于容积较大的零件进行密封性试验时，可选用机动液压泵进行注油，但也要控制好压力的大小。

（3）旋转件的平衡　机器中的旋转零件，如带轮、飞轮、叶轮等，因受形状、加工等因素的限制和影响，都可能由于零件旋转时的不平衡而产生振动现象，从而使机器的工作精度降低，零件的使用寿命缩短，噪声增大，甚至发生事故。

1）旋转件不平衡的种类如下：

① 静不平衡。有些旋转件在径向各截面上存在不平衡量，但由此产生的离心力的合力仍通过旋转件的重心，这种情况不会产生使旋转轴线倾

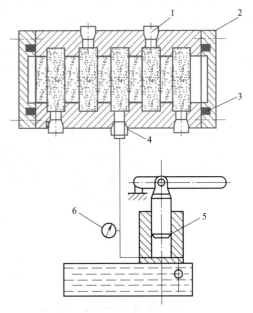

图6-12　液压法密封性试验
1—锥形螺塞　2—端盖　3—密封圈　4—管接头
5—手动液压泵　6—压力计

斜的力矩，这种不平衡称为静不平衡，如图6-13所示。静不平衡的特点是：当零件静止时，不平衡量始终处于过重心竖直线的下方；旋转时，不平衡离心力只在垂直轴线方向产生振动。

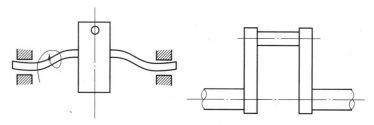

图 6-13　零件静不平衡示意图

② 动不平衡。有些旋转件在径向各截面上存在不平衡量，且由此产生的离心力不能形成平衡力矩，所以旋转件不仅会产生垂直于旋转轴线方向的振动，还会产生使旋转轴线倾斜的振动，这种不平衡称为动不平衡，如图 6-14 所示。

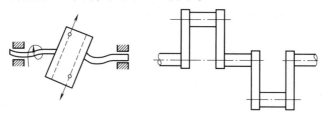

图 6-14　零件动不平衡示意图

2）旋转件的平衡方法。消除旋转件不平衡的工作称为平衡。其中，消除静不平衡的工作称为静平衡；消除动不平衡的工作称为动平衡。

静平衡的特点是：平衡重物的大小和位置是在零件（或部件）处于静止状态时确定的；静平衡的工作过程是在静平衡架上进行的；静平衡主要适用于长径比小于 0.2 的盘类零件。

静平衡的装置主要有圆柱式平衡架和棱形平衡架两种，如图 6-15 所示。还有一种平衡架，一端可通过升降调整来平衡两端轴径不等的旋转件。静平衡的步骤如下：

① 用水平仪将平衡架调整到水平位置，误差应在 0.02mm/100mm 以内，如图 6-16 所示。

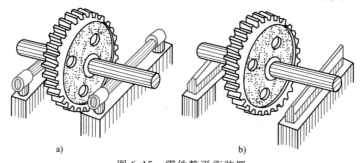

a)　　　　　　　　　　　　　　　b)

图 6-15　零件静平衡装置

a）圆柱式平衡架　b）棱形平衡架

② 将旋转件安装到心轴上后，摆放到平衡架上。

③ 用手轻推旋转件，使其在平衡架上缓慢滚动；待自动停止后，在旋转体的正下方作一记号，重复转动几次，若所作记号位置始终不变，则为不平衡量 G 的方向。

④ 在与记号相对的部位粘一重量为 G′ 的橡皮泥，使 G′ 对旋转轴线产生的力矩，恰好等于不平衡量 G 对旋转轴线所产生的力矩，如图 6-17 所示。此时旋转件即已达到静平衡。

⑤ 去掉橡皮泥，在其所在位置加上相当于 G′ 的重块，或在不平衡量处（与 G′ 相对的直

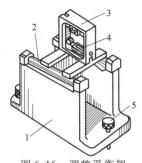

图 6-16　调整平衡架
1—支架　2—圆柱形导轨　3—水平仪
4—水准器　5—调整螺钉

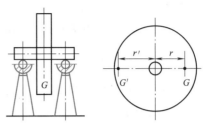

图 6-17　静平衡法

径上）去除一定的重量 G。待旋转件在任何角度均能在平衡架上静止时，静平衡即告结束。

对于长径比较大或转速较高的旋转件，需要进行动平衡，动平衡不仅要平衡离心力，而且还要平衡离心力所形成的力矩。动平衡需要在动平衡机上进行，常用的动平衡机有弹性支梁式动平衡机、框架式动平衡机和电子动平衡机等。磨床主轴在动平衡机上的装夹，如图 6-18 所示。

2. 装配系统

（1）装配的有关术语

1）零件：零件是机器组成中的最小单元，如一个螺钉、一根轴、一个套筒等。任何一台机器都是由若干个零件组成的。

2）部件：由两个或两个以上零件相结合而成为机器的一部分，称为部件，如一个主轴总成、车床主轴变速箱、进给箱等。

3）装配单元：可以独立进行装配的部件，称为装配单元。任何一部设备，一般都能分成若干个装配单元。

4）基准零件或基准部件：最先进入装

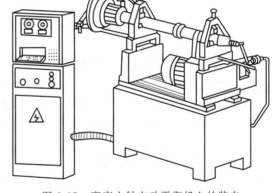

图 6-18　磨床主轴在动平衡机上的装夹

配的零件或部件称为基准零件或基准部件。它们的作用是连接需要装在一起的零件或部件，并决定这些零件或部件之间的正确位置。

从装配的角度看，直接进入机器装配的部件也可称为组件；直接进入组件装配的部件称为一级分组件；直接进入一级分组件装配的部件，称为二级分组件……依次类推。显而易见，机器越复杂，分组件的级数也就越多。

任何级别的分组件都是由若干个低一级的分组件和若干个零件组成的，但最低级别的分组件只由若干个零件组成。

（2）装配系统图　用来表明产品零部件间相互装配关系及装配流程的示意图称为装配系统图。

3. 常用机械拆装及检测工具

（1）机械连接方式　零件连接的方式常用固定连接和活动连接两种。

固定连接是指装配后，零件间不产生相对运动的连接，如螺纹联接、键联接和销联接等。

活动连接是指装配后零件间可以产生相对运动的连接，如轴承、螺母丝杠连接等。

粘结剂（又称胶合剂）可把不同的或相同的材料牢固地连接在一起，这种方法工艺简单、操作方便、连接可靠。近年来，利用粘接技术，以粘代铆，以粘代机械夹固，解决了过去某些连接方式所不能解决的问题，简化了复杂的机械结构和装配工艺。目前常用的粘结剂有无机粘结剂和有机粘结剂两大类，常用的有机粘结剂有环氧树脂粘结剂、聚氨酯粘结剂和聚丙酸酯粘结剂等。

（2）常用拆装工具及使用注意事项　机械拆装常用的工具、功用及相关知识见表5-3，拆装工具使用中的注意事项详见单元五相关内容。

（3）拆装后的产品质量检验　拆装产品质量检验常用的量具有金属直尺、刀口形直尺、内外卡钳、游标卡尺、千分尺、直角尺、游标万能量角器、塞尺、百分表等。

常用拆装量具的名称、图例与功用见表5-4。

三、机械拆装安全和文明生产操作规程

1. 机械拆装实习学员实习守则

1）实习前按规定穿好工作服，依次有序进入实习场地。

2）实习前做好充分准备，了解实习的目的、要求、方法与步骤及实习应注意的事项。

3）进入实习、实训室必须按规定就位，听从实习指导教师的要求进行实习。

4）保持实习、实训室的安静、整洁，不得吵闹、喧哗，不得随地吐痰及乱扔脏物，与实习无关的物品不得带入实习、实训室。

5）实习前首先核对实习用品是否齐全，如有不符，应立即向实习指导教师提出补领或调换。

6）爱护实习仪器及设备，严格按照实习规程使用仪器和设备，不得随便拆卸。

7）实习时按实习指导书要求，分步骤认真做好各项实习内容，并做好实习记录，填写实习报告书。

8）拆下的零部件要摆放有序，搬动较大零件时，务必注意安全，以防砸伤人或砸坏机件。

9）注意安全，如实习中发现异常，应立即停止，及时报告实习指导教师检查处理。

10）实习结束后，清洁场地、设备，整理好工位。清点并擦净工量具，放回原处后，方能离开实习场地。

2. 机械拆装操作安全须知

1）注意将待拆卸设备切断电源，挂上"有人操作，禁止合闸"标志。

2）设备拆卸时必须遵守安全操作规则，服从指导人员的安排与监督。认真严肃操作，不得串岗操作。

3）需要使用手持式电动工具时（手电钻、手砂轮）等，应检查是否有接地或接零线，并应佩戴绝缘手套，穿胶鞋。使用手照明灯时，电压应低于36V。

4）如需要多人操作时，必须有专人指挥，密切配合。

5）拆卸中，不准用手试摸滑动面、转动部位或用手试探螺孔。

6）使用起重设备时，应遵守起重工安全操作规程。

7）试车前要检查电源接得是否正确，各部位的手柄、行程开关、撞块等是否灵敏可靠，传动系统的安全防护装置是否齐全，确认无误后方可开车运转。

8）试车规则：空车慢速运转后逐步提高转速，运转正常后，再做负荷运转。

课题二　回转式台虎钳的拆装

一、实习目的

1）台虎钳是常用的工件夹具，通过台虎钳的拆装，可让学生了解台虎钳的结构和主要零部件，熟悉台虎钳夹紧工件的工作原理，增强对机械零件的感性认识。

2）熟悉台虎钳的拆装和调整过程，主要是熟悉装配的工艺。

二、实习设备及拆装工具

1）实习设备：台虎钳若干台（每个实训小组一台）。

2）拆装工具：各类扳手、旋具（如一字槽螺钉旋具、十字槽螺钉旋具等）、钳子、锤子、钢刷、毛刷、量具（如游标卡尺等）及其他必备用品（每个实训小组一套）。

三、实习内容

根据台虎钳（图6-19）及其装配技术要求完成装配；装配完成后进行调整、检测及试车，达到图样及技术要求。回转式台虎钳零件明细见表6-2。

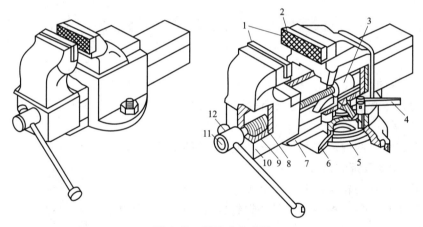

图 6-19　回转式台虎钳

表 6-2　回转式台虎钳零件明细表

序　号	名　称	数　量
1	钳口	2
2	螺钉	4
3	丝杠螺母	1
4	旋转手柄	2
5	夹紧盘	1
6	底盘或安装底盘	1
7	固定钳身	1
8	挡圈	1
9	弹簧	1
10	活动钳身	1
11	丝杠	1
12	夹紧手柄	1

操作步骤

1）拆卸的顺序：活动钳身 10→丝杠销、挡圈 8、弹簧 9→丝杠 11→螺钉 2、活动钳身钳口 1→旋转手柄 4→固定钳身 7→螺母、丝杠螺母 3→螺钉 2、固定钳身钳口 1

2）装配的顺序：装丝杠螺母 3→固定钳身钳口 1、螺钉 2→装固定钳身 7、旋转手柄 4（对应夹紧盘 5 两螺孔）→活动钳身钳口 1、螺钉 2→装丝杠 11（放入活动钳身 10 中）、弹簧 9、挡圈 8、丝杠销→装活动钳身（丝杠 11 对正丝杠螺母 3）、摇动夹紧手柄 12，达到活动钳身滑动轻快→调整两钳口间隙，达到活动钳身移动任意位置时两钳口保持平行

效果评价

1）本实习为开放性实习，每个实习小组必须在规定时间内完成拆装。

2）实习过程应注意爱护设备和工具，应妥善保管拆卸下的零件，不得损坏和丢失。

3）完成拆装后应在规定的时间内写好实习报告。

课题三 液压齿轮泵的拆装

一、实习目的

1）通过齿轮泵的拆装实习了解齿轮泵的结构、工作原理和主要零部件，熟悉齿轮泵进出油口的位置关系。

2）熟悉齿轮泵的拆装和调整过程，主要是熟悉装配的技术要领。

二、实习设备及拆装工具

1）实习设备：齿轮泵若干（每个实训小组一台）。

2）拆装工具：各类扳手、钳子、螺钉旋具、铜棒等专用工具（每个实训小组一套）。

三、实习内容

根据齿轮泵结构及技术要求完成其拆装，其外形如图 6-20 所示，将各零件分解后如图 6-21 所示。

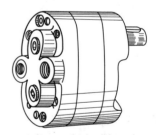

图 6-20 齿轮泵外形

相关知识

拆装过程中，如方法不恰当、工具不合理，可能造成被拆装的零部件损坏，甚至使整台齿轮泵的精度降低，工作性能受到严重影响。

为使拆装工作能够顺利进行，必须做好拆装前的一系列准备工作。首先，认真分析齿轮泵的结构特点、配合性质和相互位置关系；之后，确定拆装方法，选用合理的工具；最后，开始拆装工作。

齿轮泵的外形和主要结构分解图分别如图 6-20 和图 6-21 所示，它是分离三片式结构，包括两片泵盖和一片泵体。

图 6-21　齿轮泵分解图

　　齿轮泵的结构如图 6-22 所示，泵盖 1 和 5 用 6 个内六角螺钉 2 与泵体 4 装成整体。泵体 4 内装有一对齿数相同、相互啮合的齿轮 3，这对齿轮与两端盖和泵体形成一密封腔，并由齿轮的齿顶和齿向接触线把密封腔划分为两部分，即吸油腔和压油腔。两齿轮分别用键固定在由滚针轴承支承的主动轴 7 和从动轴 9 上。主动轴由电动机驱动，并带动齿轮在泵体内旋转。齿轮的宽度比泵体稍窄，端面有 0.025 ~ 0.06mm 的轴向间隙，可保证齿轮能灵活地转动，同时又使端面泄漏最小。

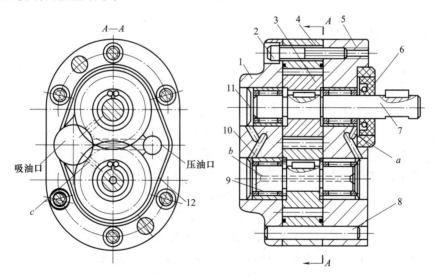

图 6-22　齿轮泵的结构
1、5—泵盖　2—螺钉　3—齿轮　4—泵体　6—密封圈　7—主动轴
8—圆柱销　9—从动轴　10—泄漏小孔　11—压盖　12—卸荷槽

　　为了防止压力油从泵体和泵盖间泄漏到泵外，并减小压紧螺钉的拉力，在泵体两侧的端面上开有卸荷槽 12，将渗入泵体和泵盖间的压力油引入吸油腔。在泵盖和从动轴上小孔 a、b、c 的作用是将泄漏到轴承端部的压力油，也引到泵流的吸油腔去，防止油液外溢，同时也润滑了滚针轴承。

操作步骤

拆卸的主要步骤：

1）松开 6 个紧固螺钉 2，分开泵盖 1 和 5；从泵体 4 中取出主动齿轮及轴、从动齿轮及轴。

2）分解端盖与轴承、齿轮与轴、端盖与油封。分解图如图 6-23 所示。

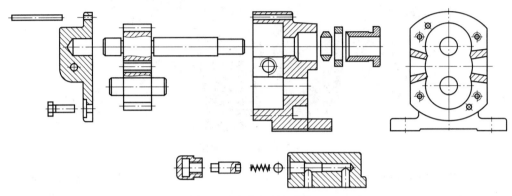

图 6-23 齿轮泵拆卸分解图

装配的主要步骤：

1）去除齿轮毛刺。用油石修钝锐边，但不能倒成圆角。注意不可碰伤齿面。

2）清洗零件。用清洁煤油清洗零件，注意前后盖板和泵体的结合面都是密封面，要防止清洗时碰伤。

3）选配啮合齿轮。两啮合齿轮的厚度差应在 0.005mm 内；齿轮厚度应比泵体薄0.02 ~ 0.04mm；齿轮端面对孔轴心线的垂直度误差在 0.005mm 内。

4）齿轮和传动轴配键。要求配合松紧适宜，侧面间隙不能过大，顶面不得碰擦，用手稍加力即可将齿轮拉出，但不得产生径向松动，检查后在齿轮两端装上弹性挡圈。

5）装滚针轴承。将滚针轴承垂直压入前后端盖内，滚针在轴承保持架内应转动灵活。

6）装压盖。在前后端盖上压入三个压盖，若压盖材料为尼龙，需涂胶合剂胶合。

7）装齿轮和端盖。将两啮合齿轮放入泵体孔内，在两端轴上装套前后端盖，逐步拧紧紧定螺钉，要边拧紧边转动传动轴，若发现被卡紧时，可用铜棒在端盖上、下或前、后方向轻轻敲击，直到能灵活转动为止。钻、铰孔并配装定位销。

8）装密封圈和套。应注意不要靠紧端面，以免将回油孔 a 堵塞。

9）检查装配。用手转动传动轴，要求各个方向能均匀旋转，无明显阻滞。

10）调试（以 CB—B25 齿轮泵为例）。将齿轮泵安装在试验台上，空运转 15min 左右，压力从零升至工作压力 2.5MPa，在压力为 2.5MPa 的条件下，测定流量应为 25L/min，允许误差为 ±5%。在压力最大时，压力波动在 ±0.15MPa 范围内。无较大的噪声和泄漏现象。

效果评价

1）实习过程应注意爱护设备和工具，应妥善保管拆卸下的零件，不得损坏和丢失。

2）完成拆装后应在规定的时间内写好实习报告。

习题与思考

一、填空题

1. 拆卸前，首先，仔细研究设备的_____，认真分析设备的_____，传动系统，零部件的_____，配合性质和相互位置关系。其次，明确它们的用途，在熟悉以上各项内容的基础上，确定_____，选用合理的工具。最后，才可以开始拆卸。

2. 在拆卸设备时，应按照与装配相反的顺序进行，一般是_____、_____，先拆成_____或_____，再拆成零件的顺序进行。

3. 用锤击法冲击零件时，必须垫加较_____的衬垫，或用_____的锤子（如铜锤）或冲棒，以防损坏零件表面。

4. 对于长径比较大的零件，如较精密的细长轴、丝杠等零件，拆下后_____悬挂。对于重型零件需用多个支撑点支撑后_____，以防_____。

5. 在拆卸旋转部件时，应注意尽量不破坏原来的_____状态。

6. 对于设备拆卸工作，应根据设备零部件的结构特点，采用不同的拆卸方法。常用的拆卸方法有：_____、_____、_____、_____和破坏法等。

7. 按照一定的精度标准和技术要求，将若干个零件组合成部件或将若干个零件、部件组合成_____或_____的工艺过程，称为装配。

8. 零件在装配前，应清除其表面的_____、_____、_____、_____、_____及金属微粒。

9. 机器中的旋转零件，因受形状、加工等因素的限制和影响，都可能引起零件旋转时的_____而产生_____现象，从而使机器的_____降低，零件的使用寿命缩短，噪声增大，甚至发生_____。

10. 可以独立进行装配的部件，称为_____。任何一部设备，一般都能分成若干个_____。

11. 最先进入装配的零件或部件，称为_____或_____。它们的作用是连接需要装在一起的_____或_____，并决定这些_____或_____之间的_____。

二、简答题

1. 在拆卸过程中应注意哪些事项？
2. 简述机械拆卸的常用方法。
3. 简述零件密封性试验的常用方法。
4. 旋转件不平衡的种类有哪些？
5. 旋转件的平衡方法有哪些？
6. 机械连接方式有哪些？
7. 扳手使用时应注意哪些事项？
8. 机械拆装实习室有哪些安全制度？

参 考 文 献

[1] 葛金印. 机械制造技术基础 [M]. 北京：高等教育出版社，2004.

[2] 王泓. 机械制造基础 [M]. 北京：北京理工大学出版社，2006.

[3] 卞洪元，丁金水. 金属工艺学 [M]. 北京：北京理工大学出版社，2006.

[4] 朱仁盛. 机械制造技术——基础知识 [M]. 北京：高等教育出版社，2008.

[5] 李添翼. 机械制图 [M]. 北京：高等教育出版社，2008.

[6] 陈宏钧. 钳工实用技术 [M]. 北京：机械工业出版社，2007.

[7] 黄志远，王宏伟. 装配钳工 [M]. 北京：化学工业出版社，2007.

[8] 黄涛勋. 钳工（高级）[M]. 北京：机械工业出版社，2006.

[9] 赵光霞. 机械加工技术训练 [M]. 北京：高等教育出版社，2008.

[10] 徐冬元. 钳工工艺与技能训练 [M]. 北京：高等教育出版社，2005

[11] 蒋增福. 机修钳工实习与考级 [M]. 北京：高等教育出版社，2005.

[12] 朱仁盛. 机械拆装工艺与技术训练 [M]. 北京：电子工业出版社，2009.

[13] 仲太生. 钳工技能实训 [M]. 南京：江苏科学技术出版社，2006.

[14] 赵光霞. 机械加工技术训练 [M]. 北京：高等教育出版社，2008.

信 息 反 馈 表

尊敬的老师：

　　您好！机工版大类专业基础课中等职业教育课程改革国家规划新教材与您见面了。为了进一步提高我社教材的出版质量，更好地为我国职业教育发展服务，欢迎您对我社的教材多提宝贵意见和建议。如贵校有相关教材的出版意向，请及时与我们联系。感谢您对我社教材出版工作的支持！

<table>
<tr><td colspan="7" align="center">您的个人情况</td></tr>
<tr><td>姓　名</td><td></td><td>性　别</td><td></td><td>年　龄</td><td></td><td>职务/职称</td></tr>
<tr><td>工作单位
及部门</td><td colspan="3"></td><td>从事专业</td><td colspan="2"></td></tr>
<tr><td>E-mail</td><td colspan="2"></td><td>办公电话/手机</td><td></td><td>QQ/MSN</td><td></td></tr>
<tr><td>联系地址</td><td colspan="4"></td><td>邮编</td><td></td></tr>
</table>

<table>
<tr><td colspan="4" align="center">您讲授的课程情况</td></tr>
<tr><td>序号</td><td align="center">课程名称</td><td align="center">学生层次、人数/年</td><td align="center">现使用教材</td></tr>
<tr><td>1</td><td></td><td></td><td></td></tr>
<tr><td>2</td><td></td><td></td><td></td></tr>
<tr><td>3</td><td></td><td></td><td></td></tr>
</table>

贵校机械大类专业基础课程的相关情况
1. 在哪些方面有优势、特色？特色课程有哪些？
2. 您觉得贵校在专业基础课程中是否存在教材短缺或不适用的情况？都有哪些？
3. 贵校老师是否有创新教材希望出版？如何联系？

您对《机械常识与钳工实训》教材的意见和建议
1. 本教材错漏之处：
2. 本教材内容和体系不足之处：

请用以下任何一种方式返回此表（此表复印有效）：

　　联系人：王佳玮　编辑

　　通信地址：100037　北京市西城区百万庄大街 22 号机械工业出版社中职教育分社

　　联系电话：010-88379201　E-mail：wang_jw@ tom. com　传真：010-88379181

教学资源网上获取途径

为便于教学，机工版大类专业基础课中等职业教育课程改革国家规划新教材配有电子教案、助教课件、视频等教学资源，选择这些教材教学的教师可登录**机械工业出版社教材服务网**（www.cmpedu.com）网站，注册、免费下载。会员注册流程如下：

教材服务网会员注册流程图

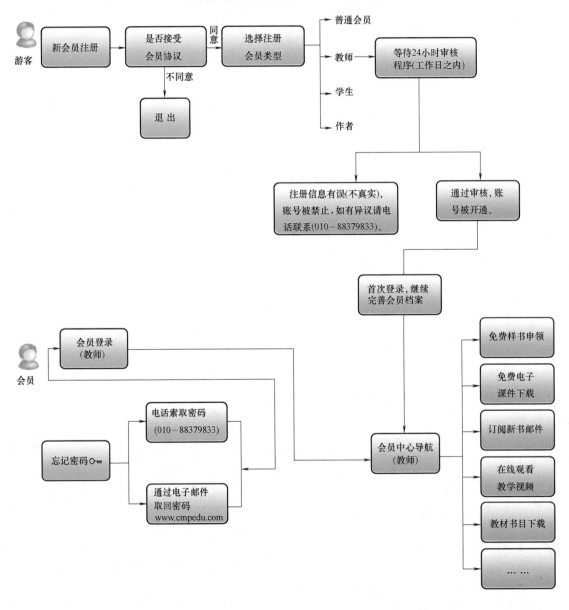